La théorie des signatures végétales au regard de la science

Guy Ducourthial

La théorie des signatures végétales au regard de la science

L'Harmattan

Du même auteur

La pomme, Bibliothèque des symboles, Pardes, 1996

Flore magique et astrologique de l'Antiquité, Editions Belin, 2003

Atlas de la Flore magique et astrologique de L'Antiquité, ouvrage numérisé consultable sur le site de la Bibliothèque interuniversitaire de Médecine de Paris 5

www.biusante.parisdescartes.fr/ducourthial/debut.htm

Recueil de Recettes pour remèdes et autres Secrets, un manuscrit inédit du XVIIIe siècle. Présentation et Commentaires, Éditions Belin, 2007

La Botanique selon Jean-Jacques Rousseau, Éditions Belin, 2009

Petite Flore mythologique, Éditions Belin, 2014

Flore médicale des signatures, L'Harmattan, 2016

5-7, rue de l'Ecole-Polytechnique, 75005 Paris

http://www.editions-harmattan.fr

ISBN : 978-2-343- 12505-3
EAN : 9782343125053

SOMMAIRE

INTRODUCTION

Nous avons esquissé dans notre *Flore médicale des signatures*, publiée en 2016, l'histoire de la *Théorie des signatures* appliquée aux plantes et nous y avons présenté un recensement des végétaux répondant à ses critères.

Mais peut-on considérer qu'une telle théorie est fiable au regard des connaissances scientifiques de naguère et d'aujourd'hui ?

Nous avions laissé cette interrogation en suspens. C'est pour tenter d'y apporter une réponse, fût-elle succincte, que nous nous sommes risqué à rédiger le présent essai.

Proposée au XVIe siècle par Paracelse et, à sa suite, par plusieurs médecins, la *Théorie des signatures* s'est présentée comme une méthode nouvelle et apparemment simple pour faciliter les recherches des plantes médicinales dans la nature, en les distinguant aisément de celles qui sont dépourvues de propriétés curatives. Selon les promoteurs de cette théorie, les plantes détentrices de propriétés efficaces pour guérir des affections précises étaient en effet marquées d'un signe aisément perceptible qui pouvait être, par exemple, une analogie entre la forme d'un de leurs éléments et une partie du corps humain ou entre leur couleur et les différentes humeurs qui sont présentes dans celui-ci. Pour donner une assise solide à leur proposition, ils la justifiaient en s'appuyant sur leur croyance en un Dieu Unique qui aurait, lorsqu'Il créa le monde, apposé sa signature sur tout être vivant, et plus précisément, dans sa compassion pour le genre humain, sur un certain nombre de végétaux, pour indiquer qu'ils étaient dotés de vertus salutaires.

Dans quelle mesure cette méthode originale de sélection des plantes médicinales dans la Nature ainsi que l'affirmation de leurs propriétés thérapeutiques, fondée sur une telle conception créationniste du monde, était-elle acceptable, voire pertinente, au regard des connaissances scientifiques de l'époque où elle a été proposée ?

Mais pourrait-elle par ailleurs être totalement, partiellement ou aucunement validée aujourd'hui, confrontée aux résultats des recherches poursuivies depuis lors sur les propriétés des végétaux et de leurs principes actifs ?

C'est pour répondre à ce double questionnement que nous avons conduit nos investigations. Toutefois, le cadre nécessairement limité de cet essai, nous imposait quelques contraintes.

Nous ne pouvions en effet faire porter nos enquêtes sur la totalité des plantes supposées à des titres divers, porteuses de signatures, car leur nombre était par trop important. Nous avons donc choisi de n'en étudier ici qu'un petit nombre, qui nous a toutefois paru suffisamment représentatif, parmi celles qui étaient répertoriées comme porteuses de signatures chromatiques, morphologiques ou biologiques.

Nous avons dû par ailleurs, à de nombreuses occasions, nous contenter de ne faire que succinctement référence à un certain nombre de notions qui relèvent de la Médecine, de la Pharmacognosie, de la Chimie, des Sciences Naturelles et tout particulièrement de la Botanique ou de la Biologie végétale. C'est ainsi notamment que nous avons dû renoncer à rendre systématiquement compte des résultats des analyses chimiques des plantes citées qui supposaient des connaissances approfondies en chimie organique et auraient exigé de trop longs développements explicatifs.

Nous espérons néanmoins que notre propos, en dépit de sa concision, se sera montré suffisamment convainquant pour reconnaître ou non que « ce système extravagant », selon les termes employés dans l'Encyclopédie de Diderot pour désigner la *Théorie des signatures*, n'aurait jamais dû être imaginé et proposé aux chercheurs.

CHAPITRE 1

Qu'est-ce que la *Théorie des signatures* ?

La prodigieuse variété des espèces végétales, la grande diversité de leurs formes et de leurs tailles, les différents aspects de leurs racines, les multiples nuances des couleurs de leurs fleurs, de leurs fruits, de leurs feuilles ou de leurs tiges, ont de tout temps suscité l'intérêt des hommes. Mais, confrontés à une telle richesse du monde végétal, ils éprouvèrent très tôt les plus grandes difficultés à y sélectionner les seules plantes qui pouvaient leur être d'une quelconque utilité thérapeutique.

Une sélection empirique des plantes utiles pour soigner les maladies

On peut aisément imaginer qu'ils en vinrent progressivement et par tâtonnements successifs, à distinguer celles qui possédaient quelque propriété curative de celles qui n'en détenaient aucune, mais aussi de celles qui étaient dangereuses, car toxiques, voire mortelles ou encore dotées de pouvoirs magiques et parfois maléfiques.

Une telle sélection nécessita certainement de nombreux essais, plus ou moins heureux, car seul le recours à l'expérience *(experimenta)* pouvait permettre de détecter leurs vertus thérapeutiques et les médecins n'avaient alors pas d'autres moyens à leurs disposition que de tester sur leurs patients à la fois la plante - voire une partie de celle-ci - et la dose à prescrire pour juger de son efficacité. Les diverses utilités des plantes médicinales furent donc découvertes à la suite de multiples expériences ...et de non moins nombreux échecs.

Certaines furent sans nul doute fatales aux malheureux qui avaient servi de cobayes, tout comme à ceux qui avaient été tentés d'ingurgiter des végétaux présents dans leur environnement dont l'aspect extérieur ou la rareté avaient attiré leur attention pour en tirer parti.

On découvrit ainsi progressivement que les propriétés des plantes étaient variables selon l'époque de l'année, leurs parties - notamment les feuilles, les fleurs et les racines -, leur durée de conservation une fois récoltées, leur mode d'emploi ou encore la dose à administrer pour que les propriétés thérapeutiques décelées se révèlent efficaces (trop faible et alors d'aucun effet ou bien trop forte et de ce fait dangereuse, la dose faisant le remède ou le poison).

Les comptes rendus des recherches et des expériences

Des résultats de cette longue et patiente recherche des plantes médicinales et de leurs vertus, les comptes rendus parvenus jusqu'à nous sont bien modestes. Des ouvrages de l'Antiquité consacrés à l'étude des plantes, dont nous pouvons disposer aujourd'hui, on ne peut guère citer que ceux de Théophraste, disciple d'Aristote, de Pline, auteur d'un monumental traité d'Histoire Naturelle et du médecin Dioscoride, auquel nous devons la première encyclopédie de *Matière Médicale*. On peut y ajouter un certain nombre de traités de médecine, comme ceux de la *Collection hippocratique* ou de Galien dont les auteurs mentionnent avec plus ou moins de précision les remèdes - principalement végétaux - qu'ils prescrivent pour traiter les maladies les plus courantes observées à leur époque.

Les descriptions sommaires des plantes que l'on peut y lire laissent supposer que leurs auteurs ont pu les observer par eux-mêmes... à moins qu'ils ne se soient contentés de recopier les connaissances acquises par leurs prédécesseurs !

Pour décrire convenablement les plantes, il est évidemment impératif d'aller les observer *in situ*. Une telle démarche était recommandée à ceux qui s'intéressaient à l'étude des végétaux et tout particulièrement aux médecins, afin qu'ils soient en mesure d'identifier correctement les plantes qu'ils étaient appelés à utiliser et à ne pas en confondre les différentes espèces. Pline, par exemple, rappelle que la connaissance des remèdes (*i e* des plantes) ne s'acquiert que « par la vue et la pratique » (*H N*, XXVI, 12) et il prétend, sans doute avec quelque exagération, qu'il a observé lui-même la plus grande partie des plantes qu'il a citées dans son *Histoire Naturelle* :

> « Nous, du moins, à l'exception d'un tout petit nombre, nous avons eu la chance de les examiner toutes, grâce à la science d'Antonius Castor, la plus grande autorité de notre temps dans cette partie, en visitant son petit jardin (*hortulus*) où il en cultivait un très grand nombre, plus que centenaire sans avoir jamais éprouvé de maladie et sans que l'âge eût altéré sa mémoire et sa vigueur.... » (*H N*, XXV, 9)

Galien de son côté, insiste pour que le médecin aille observer la plupart des plantes qu'il prescrit à ses malades, tout en rappelant qu'il allait lui-même récolter celles qui lui étaient nécessaires dans les environs de Rome où il exerça la médecine une partie de sa vie :

> « Le médecin doit, autant que possible, connaître toutes les plantes : sinon, qu'il en connaisse du moins le plus grand nombre, et celles qui sont les plus utiles. Celui qui en connaît les différentes espèces, dans toutes les phases de leur

développement, que ces plantes soient jeunes et petites ou bien en pleine maturité, et qui peut ainsi les distinguer, trouvera en maints endroits certaines plantes utiles, comme j'en ai moi-même trouvé en diverses régions d'Italie alors que celui qui ne les connaît que mortes et desséchées ne les connaît jamais, que ce soit de jeunes pousses ou des plantes ayant atteint leur maturité. Il n'y a pas de charlatan qui ne puisse facilement identifier par les fruits les plantes qui sont importées de Crète, mais tous ignorent qu'il serait facile de recueillir quelques-unes de ces plantes aux environs de Rome, en respectant l'époque de leur maturité. Pour moi, je connais bien cette saison et je pars chercher *chamaepitus, chamaedrus, thlaspi, kentaurion, huperikon, polion* et autres plantes du même genre à l'époque qui convient. Je les récolte dans leur parfaite maturité, n'attendant pas qu'elles l'aient dépassée, et qu'elles soient grillées par le soleil, sans toutefois aller les chercher trop tôt, c'est-à-dire avant que le fruit soit bien constitué. » (*Peri Antidotôn*, Kühn, XIV, 30 - 31)

Mais l'identification des plantes citées dans ces différents textes soulève de nombreuses difficultés. En effet :

– En l'absence d'une terminologie qui leur soit commune, les auteurs utilisent des noms souvent différents, à l'orthographe incertaine, pour nommer une même plante et on relève par ailleurs, qu'un même mot peut désigner des plantes totalement différentes. Une telle confusion donnera matière à d'interminables discussions entre médecins férus de botanique lorsque l'on eut entrepris de traduire ces ouvrages dès la Renaissance et encore aujourd'hui entre hellénistes et entre latinistes.

– Faute d'un vocabulaire précis et étendu, les descriptions données pour chacune des plantes citée dans ces ouvrages sont par trop sommaires pour faciliter leur identification.

– L'ignorance de tout critère de classement des plantes répertoriées n'est pas non plus de nature à faciliter leur identification.

Pourquoi certaines plantes sont-elles médicinales ? A la recherche d'une explication

Si l'on parvint au fil du temps et au prix de nombreuses expériences, à sélectionner les plantes possédant des propriétés thérapeutiques et à les distinguer de celles qui n'en possédaient aucune, une question demeurait sans réponse : pourquoi en était-il ainsi ?

Différents récits mythologiques en offraient une où le merveilleux tenait la plus grande place, mais elle ne concernait qu'un faible nombre de végétaux : leurs propriétés avaient été dévoilées aux hommes par des divinités compatissantes, mais elles n'étaient pas susceptibles de traiter toutes les affections dont le genre humain était atteint.

Aussi, en l'absence d'interventions divines en faveur des hommes, il s'avéra à l'évidence nécessaire de recourir à une méthode d'investigation plus à la portée des humbles mortels, tout en étant relativement aisée et fiable, telle celle que propose Pline qui consiste à s'en remettre au hasard, c'est-à-dire, selon lui, à l'observation minutieuse de la nature pour découvrir « les plantes qui soignent ». Car la Nature n'est autre qu'une divinité bienfaisante et généreuse envers l'humanité, une éducatrice qui ne cesse de dispenser ses leçons aux hommes qui savent lui prêter attention :

> « C'est le hasard, oui le hasard, le dieu qui est le grand inventeur dans notre vie ; hasard, nom sous lequel il faut entendre également la nature, qui est à la fois la mère de toutes choses et notre éducatrice. » (*H N*, XXVII, 8)

Dans différents passages de son *Histoire Naturelle*, Pline exprime une telle conception de la Nature et ne manque pas de faire partager son émerveillement devant la beauté et la variété des espèces qui la peuplent. Selon lui, en se laissant guider par elle, les hommes peuvent parvenir à découvrir les secrets qu'elle cache et notamment les propriétés médicinales des végétaux. Car, il y a une finalité cachée dans la nature et rien n'y est laissé au hasard.

> « (La nature) a placé aussi des remèdes dans les plantes haïes puisqu'elle a doté de propriétés médicinales même les plantes épineuses… ; et là-même nous ne pouvons assez admirer et comprendre la prévoyance de la nature. Elle nous avait donné, comme nous l'avons dit, des plantes douces au toucher et agréable à manger ; dans les fleurs, elle avait orné de couleurs les remèdes et elle avait aussi attiré notre attention par le seul spectacle en mêlant l'utile à l'agréable. Elle a imaginé des plantes à l'aspect hirsute, dangereuses à toucher ; et il me semble presque entendre la voix de la nature elle-même qui les crée et nous explique ses motifs : c'est pour empêcher qu'un quadrupède avide ne les broute, que des mains effrontées ne les arrachent, qu'un pied inattentif ne les foule, qu'un oiseau s'y perchant ne les brise ; en les protégeant de ses aiguillons et en leur donnant ces armes, elle a voulu défendre et sauver les remèdes que portent ces plantes. Ainsi même ce que nous haïssons en elles a été imaginé dans l'intérêt de l'homme. » (*H N*, XXII, 15-17)

Pline suggère ainsi l'idée, mais sans y consacrer de trop longs développements, que la Nature aurait répandu dans le monde un certain nombre de signes qui devraient permettre à celui qui saurait les découvrir et les interpréter, de sélectionner entre toutes les plantes d'une flore locale, celles qui posséderaient des vertus curatives. Ce don gratuit de la Nature bienfaisante envers les hommes se présenterait en quelque sorte comme un guide caché, permettant à qui sait le déchiffrer, d'éviter les aléas d'une recherche en aveugle et de faciliter efficacement ses investigations.

Une telle vision personnelle de la Nature s'accompagne chez Pline d'un jugement sans concession sur l'inutilité des remèdes composés qu'il expose ainsi :

> « Les forêts même, et la nature dans son aspect sauvage ne sont pas dépourvus de remèdes : cette sainte mère de toutes choses en a disposé partout pour l'homme, au point que le désert même est source de remèdes… La nature ne nous avait destiné que des remèdes partout tout préparés, faciles à trouver et sans aucune dépense, tirés des substances qui nous font vivre. Plus tard, la fraude humaine et des inventions lucratives ont produit ces officines où l'on promet à chacun de la vie pour de l'argent. » (*H N*, XXIV, 1 – 4).

Il précise sa pensée en notant que de tels signes peuvent également être recherchés en prêtant une attention particulière aux comportements de certains animaux vis-à-vis de la flore qui les entoure, mais surtout par l'observation de la morphologie et de la couleur de nombreuses plantes. Il en donne quelques exemples dans différentes notices individuelles, consacrées chacune à une plante précise où il attire l'attention sur une analogie entre la couleur de sa fleur, de sa tige ou de sa racine avec celle de la maladie qu'elle a la propriété de soigner. De tels exemples nous sont également proposés dans le traité de *Matière Médicale* de Dioscoride.

Mais il serait sans aucun doute excessif de voir dans ces passages où sont évoqués ces « signes indicateurs » une préfiguration de la *Théorie des signatures*. En effet, leurs auteurs n'avaient pas pour autant songé à les répertorier et encore moins à les organiser en système.

Il s'agissait pour eux d'une simple énumération d'observations d'analogies particulièrement remarquables qu'il convenait donc de signaler scrupuleusement, mais sans s'interroger sur leur cause.

La connaissance de la Flore médicale aux Temps modernes (XVIe – XVIIIe siècle)

C'est au XVIe siècle que la *Théorie des signatures* est formulée explicitement pour la première fois. Appliquée à la flore médicale, elle apparaît dans un contexte d'autant plus favorable que l'étude des plantes fait alors l'objet de recherches particulièrement innovantes. On assiste en effet au cours de cette époque à la création des premiers jardins botaniques, à la confection des premiers herbiers et à la publication d'un grand nombre d'ouvrages consacrés aux flores locales, tandis que se constitue un véritable réseau de botanistes européens qui échangent plantes et graines pour s'assurer de leur exacte identification, voire pour veiller à leur conservation, et confronter leurs expériences afin de vérifier la pertinence des vertus qui leur sont attribuées.

Les ouvrages de botanique qui paraissent alors portent tout particulièrement sur les plantes qui passent pour soigner les affections les plus courantes, mais certains d'entre eux témoignent aussi de la volonté de leurs auteurs de recenser et de décrire le plus grand nombre possible de végétaux dans de véritables flores dont les textes, de plus en plus précis, sont généralement accompagnés de nombreux dessins gravés sur bois ou sur cuivre. Quelques-uns accordent même une large place à la présentation de nombreuses plantes médicinales nouvelles, dont certaines proviennent des pays récemment découverts, et aussi à l'exposé des propriétés thérapeutiques d'un certain nombre de plantes validées par des expérimentations récentes.

La plupart de ces ouvrages sont composées d'une succession de notices, de structure à peu près identique d'un auteur à l'autre, chacune étant consacrée à une plante et souvent accompagnées de dessins.

Le développement de l'imprimerie facilite évidemment leur diffusion et si beaucoup sont encore écrits en latin, nombre d'entre eux font l'objet de traductions en langues vulgaires, et certains sont même écrits directement dans la langue de leur auteur.

Mais faute d'une systématique commune à tous les botanistes, ces notices y sont généralement présentées par leur auteur en suivant l'ordre alphabétique des noms les plus fréquemment attribués de son temps aux plantes qu'il a recensées.

Les auteurs de ces ouvrages spécialisés doivent une grande partie de leurs connaissances sur le règne végétal à l'étude d'un certain nombre d'œuvres - qui n'ont d'ailleurs pas toujours été écrites par des médecins - qui appartiennent à l'Antiquité gréco-romaine ou à la littérature médicale rédigée en arabe au Moyen-âge et traduite en latin. Parmi celles auxquelles ils font le plus souvent référence, on relève celles qui sont attribuées à Hippocrate, Théophraste, Dioscoride, Pline, Celse, Galien ainsi qu'à différents médecins de l'Antiquité tardive comme Oribase, Aetius, Paul d'Egine ou encore à des auteurs de langue arabe comme Mésué, Rhazes, Avicenne et Serapion.

Certains médecins en font explicitement l'aveu, tel Etienne François Geoffroy (1672 -1731), Maître apothicaire et Docteur en Médecine, auteur d'un important *Tractatus de Materia Medica* publié en latin après sa mort et traduit plus tard en français auquel nous nous référerons à maintes reprises dans les chapitres suivants. Il n'hésite pas en effet à écrire qu'il a procédé au recensement des plantes médicinales en se référant aux seuls écrits des Anciens, mais en s'appuyant aussi sur son expérience :

> « Nous croyons qu'il est inutile de rechercher si les plantes qui ont le même nom chez les Anciens et parmi nous, sont les mêmes ou si elles sont différentes ; puisque nous n'avons pas les plantes qu'ils connaissent et dont ils faisaient usage ;

et que les descriptions qu'ils en ont faites, ne sont pas assez exactes pour nous faire décider cette question. D'ailleurs il est fort vraisemblable qu'un très grand nombre de plantes qui étaient connues des Anciens et qui naissaient dans la Grèce sont bien différentes des nôtres pour les vertus, quoique de même espèce.

C'est pourquoi nous nous mettrons peu en peine des vertus que les Anciens, soit Grecs, soit Arabes, ont attribué à ces plantes ; mais nous rechercherons avec tout le soin possible les vertus salutaires ou nuisibles, qu'une expérience exacte et un usage continuel nous ont fait découvrir. » (*Matière Médicale*, Tome 5, Traité des végétaux, section II, Des plantes indigènes, Paris, 1757)

Des expérimentations nécessaires pour approfondir les connaissances

La seule connaissance des plantes sélectionnées pour être porteuses de propriétés thérapeutiques parmi la multitude et la variété des végétaux était insuffisante aux médecins pour qu'ils puissent les prescrire à leurs patients. Encore fallait-il savoir sous quelle forme et à quelle dose les utiliser. Dès l'Antiquité, on prit conscience que l'efficacité des substances que contenait une plante était variable selon les quantités administrées. On constata qu'un dosage trop faible était susceptible de n'avoir aucun effet, mais qu'en revanche un dosage trop élevé risquait de provoquer l'intoxication, voire la mort du patient. Entre la plante-remède et la plante-poison, tout n'était donc que question de mesure !

Pour parvenir à déterminer la dose la plus efficace à administrer au patient, on n'eut pas d'autre choix que d'expérimenter à différents dosages, l'effet de chaque plante sur les malades, dont beaucoup durent souvent faire les frais, comme le laisse supposer, par exemple, ce bref passage d'une lettre du médecin Ctésias, un jeune parent d'Hippocrate, dans laquelle il évoque les hésitations et les craintes qu'éprouvaient les praticiens à prescrire l'emploi de l'hellébore :

> « Du temps de mon père et de mon grand-père, on ne donnait pas d'hellébore, car on ne connaissait ni le mélange, ni la mesure, ni le poids suivant lequel il fallait l'administrer. Quand on présentait ce remède, le malade avait été préparé comme devant courir un grand danger. Parmi ceux qui le prenaient, beaucoup succombaient, peu guérissaient. Maintenant, l'usage en paraît plus sûr. » (E. Littré, Œuvres d'Hippocrate, Tome I, p. 69)

Des siècles plus tard, la seule façon de vérifier l'efficacité des propriétés des plantes nécessitait encore de procéder à des expérimentations sur les malades ou sur des condamnés qui leur servaient de cobayes. Certains médecins rendent compte dans leurs ouvrages des essais auxquelles ils se sont livrés. Nous en avons donné un exemple dans notre *Flore médicale des signatures* où nous avons reproduit le compte rendu très détaillé des expérimentations pratiquées par le médecin Pierandrea Matthioli (1501 - 1578) pour tester les propriétés de l'aconit.

De nombreux obstacles aux progrès des connaissances

Si l'on assiste au cours de cette période à un exceptionnel enrichissement des connaissances de la Flore médicale, de nombreux obstacles se dressent encore devant les chercheurs qui voudraient approfondir leurs connaissances des plantes :

– L'absence d'une identification sûre des plantes recensées par les Anciens et acceptée par tous les botanistes et les médecins ; elle s'avère d'autant plus nécessaire que leurs ouvrages médicaux restent encore une des principales sources des connaissances sur les propriétés curatives des végétaux. Or elle est loin de faire l'unanimité et donne matière à des discussions passionnées entre médecins férus de botanique. Elle revêt en effet une grande importance à leurs yeux, d'autant qu'une erreur d'identification peut avoir pour conséquence d'induire le médecin en erreur et l'inciter à prendre en compte dans ses prescriptions, les propriétés d'une plante pour celles d'une autre…avec les conséquences qui peuvent être fatales pour leur patient.

– L'absence d'un vocabulaire plus riche et consensuel que celui dont on dispose alors permettant une description nettement plus précise des plantes ; elle conduit à la rédaction de notices descriptives trop succinctes, rendant ainsi leur identification encore plus incertaine.

– L'absence de dénomination commune des plantes qui a pour conséquence de désigner par un même nom des plantes différentes, et à utiliser différents mots pour nommer le même végétal. Il suffit pour se convaincre de l'imbroglio des noms donnés aux végétaux que de consulter le *Pinax Theatri Botanici* (1623) dans lequel Gaspard Bauhin (1560 -1624) tenta de rassembler les différents noms donnés à une même plante par plus d'une centaine d'auteurs dont il a consulté les œuvres.

– L'absence de classement des espèces végétales ne contribue guère à la clarté des ouvrages de *Matière médicale* plus particulièrement consacrés aux plantes médicinales. Et si quelques tentatives de classification des végétaux furent tentées - comme celle que proposa Césalpin (1519 -1603) dans son *De Plantis Libri XVI* (1583) -, aucun n'emporta l'adhésion des botanistes et des médecins.

– Des concepts botaniques et médicaux hérités de l'Antiquité auxquels restent attachés les chercheurs comme la croyance en l'existence de plantes mâles et de plantes femelles, la théorie des humeurs, celle des quatre éléments qui composent la matière ou encore celle des qualités premières et des degrés qui précisent les niveaux d'efficacité des plantes et des remèdes.

– Une connaissance limitée de la physiologie et la biologie végétale, sur lesquelles les recherches n'en sont qu'à leur début, en grande partie faute de microscope, contribua également et dans une large mesure, à freiner l'approfondissement des connaissances dans le vaste champ des sciences naturelles.

En marge de ces recherches et à l'abri de ces obstacles aux progrès du savoir sur les vertus curatives des plantes, il s'est accumulé, dès l'Antiquité et jusqu'à une époque encore assez proche de nous, une part importante des connaissances sur les propriétés des plantes, qui s'est accompagnée de la mise à profit de leurs propriétés réelles ou supposées, mais qui nous demeure en grande partie et à jamais inconnue. Ce savoir, transmis oralement de générations en générations, s'est élaboré indépendamment de la médecine enseignée officiellement par des Maîtres, et dut son succès à la fois à son faible coût et à la réussite plus ou moins avérée de ses usages locaux traditionnellement pratiqués. Il n'en constitue pas moins une part importante de la médecine populaire (avec ses remèdes et ses charlatans) où figure en bonne place la croyance aux pouvoirs thérapeutiques d'un grand nombre de plantes fondée sur une pratique séculaire, mais qui reste toutefois encore fortement teintée de magie et d'astrologie.

Une méthode nouvelle de prospection de la Nature et de recherche des plantes médicinales : la *Théorie des signatures*

C'est dans ce contexte où la Botanique et ses applications dans le domaine de la santé est en plein épanouissement et, dans le même temps, se heurte à de redoutables obstacles qui entravent sérieusement ses perspectives de progrès, que la *Théorie des signatures* fait son apparition et est proposée aux chercheurs comme une voie nouvelle pour accéder à de nouvelles découvertes.

On attribue généralement l'invention de cette théorie à Theophratus Bombastus von Hohenheim (1493-1541), dit Paracelse, médecin suisse de langue allemande. S'il est vrai qu'il en a lancé l'idée et en a jeté les bases avec force conviction, il ne lui a guère accordé de longs développements dans son abondante production littéraire pour en justifier l'application aux végétaux. L'étude de ces derniers ne paraît guère l'avoir attiré et il se montre piètre botaniste dans les quelques écrits qu'il leur a consacrés. Les textes qu'il a rédigés sur les plantes n'occupent en effet qu'une place relativement modeste dans l'œuvre considérable qu'il nous a laissée. Il présente toutefois la *Théorie des signatures* comme une voie de recherche à explorer pour détecter les vertus curatives des plantes, tout comme il recommande d'accorder la plus grande attention à l'influence des astres dans le choix des remèdes, de soigner les maladies en privilégiant les traitements fondés sur la « théorie des semblables » et de rechercher les principes actifs des plantes en procédant à leur distillation.

En opposition frontale avec les médecins de son temps, il affirme avec force qu'il ne faut plus s'appuyer sur les écrits des Anciens pour acquérir la connaissance des plantes et de leurs vertus thérapeutiques, mais prospecter la nature avec un œil neuf :

> « Grâce à l'Art de la Chiromancie, de la Physiognomie et de la Magie, il est possible de connaître immédiatement d'après leur aspect extérieur, les propriétés et les vertus de chaque plante et de chaque racine, et cela n'a pas besoin de preuve et d'expérience. Car, au commencement, Dieu a soigneusement différencié chaque chose, et il n'a donné à aucune un

aspect et une forme qui seraient identique chez une autre, mais il a pendu un grelot à chacune, comme on dit “on reconnaît les fous à leurs grelot”. Aussi, dans la Magie, un grelot indique un fou. Vous devez donc reconnaître également les plantes et les racines, à leurs grelots et à leurs signes. » (*Buch über die magischen Bildnisse* ou *De imaginibus*, Chap. 9, Aschner, IV, 339)

Alors que Pline avait avancé l'idée que la Nature pouvait être perçue comme une divinité bienveillante qui avait doté la terre de plantes aux propriétés thérapeutiques susceptibles de soigner toutes les maladies qui accablaient le genre humain et qu'il suffisait de parcourir la terre pour les y découvrir, Paracelse s'affirme avec force comme chrétien et créationniste et il expose à de nombreuses reprises sa croyance en un Dieu unique qui donne la vie et qui est l'auteur de toute la création au sein de laquelle il faut évidemment compter les végétaux en tant qu'êtres vivants.

En conséquence, selon lui, Dieu est également à l'origine aussi bien des maladies que des remèdes appelés à les guérir :

« Dieu donne la santé et les maladies, écrit Paracelse, et il donne en même temps les remèdes qui doivent leur être appliqués. Pour chaque remède, cela dépend d'un point très précis. Ce point est le moment. Toutes les maladies sont déterminées pour être guéries à leur moment et non pas quand nous le souhaitons ou le voulons. Aucun médecin ne peut savoir à l'avance le moment de la guérison. Seul Dieu le sait. La maladie est un purgatoire. » (*Paramirum,* Chap II, *De Ente Dei*, Aschner I, 55)

Mais Paracelse tempère cette affirmation en assurant que Dieu aurait regretté d'avoir créé les maladies et aurait par amour et compassion pour le genre humain donné à un certain nombre de plantes, des propriétés thérapeutiques permettant de les combattre et leur aurait, dans le même temps, attribué un signe de reconnaissance permettant de les distinguer parmi les autres végétaux. Ainsi, la *Théorie des signatures* est fondée sur cette conception d'un Dieu Créateur qui donne la vie, sanctifie toute chose et se montre soucieux du bonheur et du bien-être de ses créatures.

Paracelse a exposé cette conception dans de nombreux textes, comme, par exemple dans celui-ci :

> « Car tout ce que Dieu a créé, il l'a fait pour le bien de l'homme et l'a livré entre ses mains afin que cela ne demeure point caché. Et bien qu'il nous l'ait livré voilé, il ne l'a pas laissé sans signes visibles et extérieurs, conformément à sa destination particulière – de la même manière que celui qui enfouit un trésor et qui ne le laisse pas sans repères, mais le munit de signes extérieurs afin qu'il puisse le retrouver. » (*De Natura Rerum*, 9ème Livre, *Von den mineralischen Zeichnen*, Aschner III, 303)

Ou encore dans cet autre passage :

> « La Nature n'a rien laissé sans signe. C'est pourquoi elle peut agir aussi bien vis à vis des hommes que vis à vis d'une petite fleur des champs. Elle les signe et donne à chacun de le reconnaître, de telle sorte qu'elle dévoile grâce aux signes ce qui est à l'intérieur des choses. Celui qui sait interpréter les signes peut reconnaître, grâce à eux, la vertu qui habite chaque être, que ce soit une herbe, un arbre, un être sensible ou un être inerte. De cette manière, les experts en signes ont découvert beaucoup de remèdes, de médicaments et autres vertus dans les choses naturelles. Et celui qui ne décrit pas les vertus des plantes d'après leur signature, celui-là ne sait pas ce qu'il écrit. Ainsi chaque homme est signé de telle sorte qu'il peut être distingué d'un autre. Et cela, Dieu l'a voulu. Les hommes se divisant en une multitude d'espèces, on peut ainsi reconnaître à laquelle chacun d'eux appartient, tout comme on reconnaît les propriétés des fleurs et des autres plantes d'après leur forme ; celle-ci correspond à leur nature. » (*Astronomia Magna*, Aschner IV, 542).

Après avoir déploré que les hommes aient négligé une telle facilité donnée par Dieu pour leur permettre d'accéder à la connaissance des propriétés contenues dans les choses naturelles, et reproché aux médecins d'écrire leurs ouvrages en se fiant aux livres des auteurs anciens et à des racontars glanés ici ou là - ce qui revient, selon lui, à s'en remettre à une expérience aveugle -, il les engage vivement à apprendre la signification des signes :

> « Il n'y a rien qui ne soit signé ; la Nature ne s'est pas laissé aller à ne pas marquer d'un signe ce qui est à l'intérieur des choses. La Nature a tout marqué d'un signe et elle exige seulement que vous deviez apprendre les signes... Ainsi donc, pourriez-vous dire : "Qui peut voir dans une plante ce qui est en elle ? Non, examine seulement son signe et tu sais tout ce qui est en elle. » (*Von den natürlichen Dingen*, Aschner III, 611- 612)

Il ne leur restera plus alors qu'à parcourir la campagne pour y récolter les plantes qui leur sont nécessaires pour soigner leurs malades. La Nature n'est-elle pas comparable à une gigantesque pharmacie qui offre tous les remèdes nécessaires au traitement de toutes les maladies ?

> « La Nature fait du monde une pharmacie. Comme dans une pharmacie, les herbes sont rassemblées pour qu'on puisse les trouver. Et une pharmacie en possédera plus qu'une autre et de différentes sortes. De même, dans le monde, il existe un ordre naturel des pharmacies : champs et prairies, montagnes et collines. Et c'est la Nature qui nous donne cette pharmacie : elle nous fournit ce qui est nécessaire pour remplir la nôtre. » (*Labyr. Medicor.* VII, Aschner I, 519)

Cependant, selon Paracelse, il ne suffit pas de connaitre les signatures présentes sur une plantes pour en déduire quelles sont ses propriétés thérapeutiques et que celles-ci soient immédiatement efficaces. Il invite le médecin à tenir le plus grand compte d'un certain nombre d'observations complémentaires :

L'influence des astres

Paracelse se montre convaincu que les plantes, comme tous les êtres vivants, sont sous l'influence des astres. Ayant adopté une vision de l'organisation du cosmos qui remonte à l'Antiquité, il considère que chaque partie du corps humain, chacun de ses organes est soumis à la domination d'une planète et d'un signe zodiacal. Il en déduit que les maladies qui les atteignent ne peuvent donc être guérie que par les plantes qui sont sous l'influence de la même planète ou du même signe du zodiac. (cf. sur ce sujet notre *Flore magique et astrologique de l'Antiquité*). Il ajoute par ailleurs que si la connaissance de l'astrologie est indispensable au médecin pour diagnostiquer correctement la nature des maladies, elle lui est tout aussi nécessaire pour établir ses prescriptions, car le choix des remèdes doit tenir le plus grand compte des correspondances existant entre la maladie, l'organe ou la partie du corps qu'elle atteint et l'astre dont elle subit l'influence.

Le temps le plus propice à la récolte des plantes

Paracelse demande également au médecin cueilleur de tenir le plus grand compte de l'état du ciel - et notamment des phases de la lune en relation avec les signes du zodiaque - pour fixer la date et même l'heure à laquelle il devra récolter les plantes destinées à entrer dans la composition de ses remèdes afin d'obtenir de leurs propriétés la plus grande efficacité possible. Cette exigence n'est pas nouvelle. On en trouve en effet maints témoignages dans de nombreux opuscules qui remontent à l'Antiquité. Elle est à l'origine de nombreuses traditions populaires dont Paracelse a probablement eu connaissance et recueilli certaines versions auprès des populations rurales qu'il a côtoyées au cours de ses déplacements.

Les parties des végétaux

Paracelse rappelle également que les différentes parties d'un végétal n'ont pas des propriétés identiques. Il considère en particulier que si les plantes et leurs parties se distinguent par la forme et la couleur, elles le doivent aux variations de leur composition matérielle qui dépend de l'heure et de la saison.

L'âge de la plante

Pour Paracelse, les plantes n'acquièrent que progressivement leurs formes et leurs propriétés, qui ne deviennent définitives qu'au terme de leur évolution. Il observe en outre que leurs vertus changent à chaque instant en fonction du développement de la maturation qui s'effectue en elles. Selon lui, ce ne sont pas des vertus inhérentes à la matière qui évoluent ainsi, mais des vertus qui sont liées au moment et à la saison. Contrairement à l'*arcanum* qui est une propriété permanente, elles ne sont que des propriétés éphémères qui dépendent du temps ou, plus précisément, des vertus intermédiaires, des sous-produits du temps, qui se constituent dans la plante tandis qu'elle évolue vers l'étape ultime de son développement :

> « Sachez que la force des bourgeons est différente de celle des feuilles, des fleurs, des fruits non mûrs, et des fruits mûrs, d'une si merveilleuse façon que la forme et les vertus des derniers fruits sont tout différentes de celles du premier. Aussi, faut-il faire jaillir particulièrement la connaissance du commencement jusqu'à la fin. » (*Paragranum III*, Aschner I, 390)

Du raisonnement par analogie au syllogisme

La *Théorie des signatures* appliquée aux végétaux est proposée par Paracelse comme un guide d'herborisation qui doit faciliter la recherche des plantes médicinales et dispenser ceux qui l'adoptent de se livrer à des expérimentations pour vérifier la pertinence de leurs propriétés, puisqu'aussi bien la signature inscrite sur la plante est suffisante pour les en informer.

Elle fait appel à la fois au raisonnement par analogie et aux syllogismes.

Rappelons qu'une analogie[1] est une comparaison, une correspondance, un rapport de ressemblance entre deux choses, deux personnes, deux situations ou deux notions différentes qui possèdent des points communs, qui peuvent être d'ordre physique, intellectuel ou encore moral. Quant au raisonnement par analogie, il s'agit d'un processus de pensée qui consiste à remarquer une similitude entre deux choses ou deux êtres vivants, de nature ou de classe différente. En revanche, si la comparaison porte sur deux choses ou personnes de même type, il ne s'agit que d'une ressemblance.

L'observation de telles analogies est une étape essentielle que doivent franchir les tenants de la *Théorie des signatures.* Mais elle ne saurait être suffisante, car il ne s'agit là que d'un simple constat qui est à la portée de tout un chacun.

Elle doit se poursuivre par un autre raisonnement, déductif et rigoureux : un syllogisme.

---

[1] En toute rigueur, on devrait distinguer analogie et homologie. En biologie de l'évolution, notamment, une homologie désigne un lien évolutif entre deux traits (anatomiques ou moléculaires) observés chez deux espèces différentes, dont chacune a hérité d'un ancêtre commun, alors qu'une analogie désigne des traits ayant une forme similaires mais apparus indépendamment au cours de l'histoire de la vie. Ignorants la théorie de l'évolution, les tenants de la *Théorie des signatures* ne pouvaient évidemment faire la différence entre les deux termes.

Si les auteurs d'ouvrages qui traitent de la théorie des signatures ne font généralement pas explicitement référence au syllogisme, celui-ci sous-tend leurs exposés. Ainsi, par exemple, la conclusion qu'ils déduisent de leur perception de certaines analogies de couleurs, repose sur un syllogisme implicite. Quand ils affirment, par exemple, que la pivoine a des propriétés hémostatiques, ils déduisent cette propriété de l'analogie qu'ils ont observée entre la couleur du sang et celle des fleurs de la pivoine, sans qu'ils aient à exposer le raisonnement qui les a conduits à attribuer une telle propriété à cette plante.

Mais la *Théorie des signatures* repose parfois sur un sophisme, comme, par exemple, quand on affirme, en prémisse, que « Toute plante hémostatique est rouge ou bien que toute plante rouge est hémostatique » pour en déduire que « la pivoine est hémostatique, car ses fleurs sont rouges ». On peut en effet considérer qu'il y a ici sophisme, d'une part, parce que le sujet de la majeure et celui de la mineure ayant les mêmes attributs, on n'en peut déduire aucune conclusion et d'autre part parce qu'on généralise abusivement une observation qui n'est justifiée par aucune référence à l'expérimentation.

Les contestataires de la *Théorie des signatures* ne manqueront pas de le faire remarquer et d'objecter qu'il existe de nombreuses plantes dont les fleurs sont de couleur rouge qui n'ont aucunement une telle propriété.

On a plus précisément affaire à un sophisme de généralisation car, à partir d'un seul ou de quelques cas particuliers, on généralise, sans avoir analysé l'ensemble des cas ou à défaut un échantillon représentatif. Plus exactement, il s'agit d'un paralogisme c'est-à-dire d'un raisonnement erroné, mais énoncé de bonne foi, sans volonté d'induire en erreur, celui auquel il s'adresse, alors que le sophisme sous-entend la mauvaise foi de celui qui l'utilise pour tromper ou manipuler volontairement son interlocuteur.

Les médecins qui seront séduits par la *Théorie des signatures* et tenteront de l'appliquer dans l'exercice de leur profession, ne firent cependant pas du passé table rase. Ayant étudié les plantes au cours de leur cursus universitaire, ils ne se crurent pas pour autant obligés de négliger de prendre en compte de nombreuses observations botaniques signalées par les auteurs des siècles précédents qui servaient alors de référence et ont contribué à leur propre formation, surtout quand ils constataient qu'elles contribuaient à valider les propriétés que la *Théorie des signatures* attribuait aux plantes qu'ils prescrivaient à leurs patients.

Théorie des signatures et homéopathie

La *Théorie des signatures* appliquée au traitement des maladies conduit le médecin qui l'adopte à prescrire un traitement fondé sur l'axiome « le semblable est guéri par le semblable », sans oublier que « ce qui cause la maladie peut guérir la maladie ».

Cette thérapie n'était pas la plus couramment prescrite par les médecins de l'Antiquité. En effet, le traitement par les contraires était nettement privilégié dans les ouvrages de la plupart des auteurs médicaux grecs et latins.

Il leur était toutefois possible de soigner également les semblables par les semblables, c'est-à-dire d'avoir recours à l'homéopathie, une thérapie que l'on définit souvent par la formule latine : « *simila similibus curantur* ». On en trouve une formulation claire dans ce bref passage d'un Traité de la *Collection hippocratique* qui sera d'ailleurs fréquemment cité par les tenants de la médecine homéopathique pour en justifier l'ancienneté et par là même, le bien-fondé :

« La maladie est produite par les semblables et par les semblables que l'on fait prendre, le patient revient de la maladie à la santé. Ainsi, ce qui produit la strangurie qui n'est pas enlève la strangurie qui est. La toux, comme la strangurie, est causée et enlevée par les mêmes choses. » (*Lieux de l'homme* c 42)

Il convient toutefois de nuancer le propos, car pour les médecins de l'Antiquité, les deux modes de traitements ne sont pas incompatibles. Pour eux en effet, le choix de la thérapie à privilégier dépend de la nature de la maladie et de ses causes. Ainsi, dans le passage suivant, qui est un des plus explicites de la *Collection hippocratique*, l'auteur envisage d'avoir recours à chacune des deux thérapies et le justifie :

« La douleur se produit et par le froid et par le chaud, et par l'excès et par le défaut. Elle se produit chez ceux qui ont éprouvé un refroidissement, par le réchauffement ; chez ceux qui ont éprouvé un échauffement, par le refroidissement ; elle se produit chez les personnes de constitution froide par le chaud, de constitution chaude par le froid, de constitution sèche par l'humide, de constitution humide par le sec. Car les douleurs surviennent toutes les fois qu'il y a changement et corruption de nature. Les douleurs se guérissent par les contraires ; chaque maladie a ce qui lui est propre ; ainsi aux constitutions chaudes devenues malades par le froid, conviennent les échauffants, et ainsi de suite. Autre procédé : la maladie est produite par les semblables ; et par les semblables que l'on fait prendre, le patient revient de la maladie à la santé. Ainsi, ce qui produit la strangurie qui n'est pas, enlève la strangurie qui est ; la toux, comme la strangurie, est causée et enlevée par les mêmes choses. Autre procédé : la fièvre née par la phlegmasie (*abondance de sucs*) tantôt est produite et supprimée par les mêmes choses, tantôt est supprimée par les contraires de ce qui l'a produite. Ainsi veut-on laver le sujet avec de l'eau chaude et lui donner des boissons abondantes ? Il est ramené à la santé par la phlegmasie (*abondance de sucs*) ; ce qui rend phlegmatique enlève la fièvre existante. De la même façon, veut-on administrer un purgatif et un vomitif ? La fièvre est supprimée par ce qui la produit et produite par ce qui la supprime. Autre exemple : si, à un homme qui vomit, on donne à boire de l'eau en abondance, on le débarrasse, avec le vomissement, de ce qui le fait vomir ; de la sorte, vomir enlève le vomissement. Mais, si on l'arrête directement, c'est qu'on fera passer par le bas une partie de ce qui, étant dans le corps, cause le vomissement. Ainsi, de deux façons contraires, la santé se rétablit. Et, s'il en était de même dans tous les cas, la chose serait entendue, et l'on traiterait tantôt par les contraires selon la nature et l'origine de la maladie, tantôt par les semblables suivant encore la nature et l'origine de la maladie. » (*Lieux dans l'homme*, 42 ; trad. E. Littré, Tome VI, pp. 335 - 337).

Homéopathie et médecine magique

Si la croyance en l'efficacité de la médecine homéopathique est bien présente dans un certain nombre de traitements proposés par les médecins de l'Antiquité, il n'est pas inutile de rappeler que l'homéopathie pouvait aussi être perçue comme une application pratique de l'une des lois de la Magie décrites par M. Mauss que ce dernier appelle « *loi de similarité* » qui repose sur le concept de sympathie mimétique et constitue un des fondements de la médecine magique.

« On connait deux formules principales qu'il importe de distinguer, écrit M. Mauss, le semblable évoque le semblable, *simila similibus evocantur ;* le semblable agit sur le semblable et spécialement guérit le semblable, *simila similibus curantur.* » (*Esquisse d'une théorie générale de la magie*, chapitre III)

La plupart des applications de cette loi dans le domaine de la médecine magique qui fait appel aux plantes sont fondées sur la ressemblance entre la couleur ou la morphologie de certains éléments d'un végétal et certaines caractéristiques d'une partie du corps humain ou de la maladie à soigner ou encore des divers buts à atteindre. Ainsi, les racines de certains végétaux, dont la couleur rouge, comme celles de l'*eruthrodanon*, était comparée à celle du sang, passaient souvent pour posséder des propriétés emménagogues ; certaines plantes, comme l'*helichrysus* dont la couleur jaune des fleurs pouvait être rapprochée de celle de l'urine, étaient réputées comme diurétique. De même, la forme d'un des éléments de la plante était parfois mise en relation avec celle d'une partie du corps humain. Il en est ainsi, notamment, des racines dont certaines présentent une morphologie pouvant évoquer l'aspect des organes génitaux masculins. Par exemple, l'*orchis* dont la racine bulbeuse et double évoque la forme des testicules est fréquemment mis en relation avec la sexualité, l'aspect et la taille de chacune des deux étant perçues comme le « signe » de ses propriétés, aphrodisiaque ou anaphrodisiaque. Théophraste ne fait pas référence aux caractéristiques des racines, mais aux seules dimensions de la plante :

> « Il y en a deux espèces, la grande et la petite ; la grande est la plus efficace pour les relations amoureuses, la plus petite leur est défavorable et les empêche. » (*H P*, IX, 18, 3)

La recherche des semblables dans la Nature apparait ainsi comme une démarche commune aux tenants de la *Théorie des signatures* et aux charlatans qui croient en l'efficacité de la médecine magique. Mais, la similitude de la démarche s'arrête là, car les applications sont totalement divergentes.

En effet, Paracelse ne se contente pas de recommander de prospecter la nature pour y récolter les plantes porteuses de signatures, il invite ceux qui suivent ses directives à poursuivre la recherche de leurs propriétés thérapeutiques en recourant à de délicates opérations chimiques pour en isoler le principe actif qui est présent en elles. Rien de tel dans les pratiques de la médecine magique qui fait appel à des gestes, des formules, des prières ou des incantations pour rendre les plantes efficaces, sans aucun souci de savoir ce qu'elles contiennent elles-mêmes et les rendent salutaires pour combattre la maladie.

Théorie des signatures et homéopathie médicale

Un autre rapprochement est parfois avancé entre la *Théorie des signatures* et l'homéopathie médicale, telle qu'elle a été fondée par le médecin saxon Christian Samuel Hahnemann (1755 – 1843). Celui-ci ne s'inspira pourtant pas de cette théorie quand il élaborera sa « loi de similitude » en 1796 en partant du principe que les maladies devraient être traitées par des substances donnant les mêmes symptômes que la maladie elle-même, administrée à dose infinitésimale, puisque leur effet bénéfique est davantage dû à la répétition de son absorption qu'à sa qualité propre.

Celle-ci suscite encore aujourd'hui de vifs débats entre partisans et adversaires et nous nous garderons bien ici de développer les arguments des uns et des autres. Nous nous limiterons à rappeler les principes fondamentaux de l'homéopathie médicale pour mettre en évidence en quoi il serait abusif d'y voir une application de la *Théorie des signatures*. Ce sont les suivants :

Le principe de similitude

Selon ce principe, toute personne atteinte d'une affection peut être traitée au moyen d'une substance produisant chez une personne en bonne santé des symptômes semblables à ceux de l'affection considérée. Il fut formulé par Hahnemann qui observa sur lui-même que la quinine extraite de l'écorce du quinquina provoque, à forte dose, une intoxication accompagnée de fièvre, comparable aux fièvres que l'absorption de quinquina aide à soigner. Il déduisit de cette expérience qu'il existait un lien de causalité entre la fièvre provoquée par l'intoxication et le mécanisme de défense contre la fièvre activé par l'absorption de quinine à des doses thérapeutiques. Et de cette expérience, il déduisit que

> « Toute substance capable d'induire à des doses pondérales chez le sujet sain des symptômes pathologiques, et susceptible, à doses spécialement préparées, de faire disparaître des symptômes semblables chez le malade qui les présente ». (*Essai sur un nouveau principe pour vérifier le pouvoir curateur des drogues* in *Journal de Pharmacologie pratique et de chirurgie* édité par C W Hufeland Iéna 1796)

Autrement dit, la loi de similitude établit que ce qui peut rendre malade à forte dose peut guérir à faible dose. Ce principe est à rapprocher de celui des « semblables » énoncé par Hippocrate que nous avons rappelé plus haut.

Le principe de dilution infinitésimale

La notion de dose efficace avait déjà été formulée par Paracelse, qui avait attiré l'attention sur les dangers qu'une erreur de dosage pouvait faire courir au patient : « Toutes les choses sont poison, et rien n'est sans poison, écrivait-il dans *Les sept Défenses ;* seule la dose détermine ce qui n'est pas un poison ».

Pour Hahnemann, la détermination de la dose efficace est un des points essentiels de sa proposition d'une médecine fondée sur l'homéopathie : les substances utilisées pour guérir un sujet malade exercent sur ce dernier, si elles sont administrées à une dose déterminée, un effet inverse de leur action sur un homme sain. Pour obtenir cette dose, les remèdes doivent être préparés par dilutions successives d'une substance active appelée « souche », désignée par son nom latin. Celle-ci peut provenir d'un des trois grands règnes : végétal, minéral et animal. S'il s'agit de substances végétales, la partie utilisée peut être la plante entière, le fruit, les écorces ou la racine seule ou encore la teinture mère (T M) qui est une préparation liquide résultant de l'action dissolvante d'un solvant sur le végétal. Pour être efficaces sans être toxiques, elles sont diluées successivement selon la technique hahnemannienne qui est la plus courante généralement au dixième (notée DH ou *décimale hahnemannienne*) et au centième (notée CH ou *centésimale hahnemannienne*). Le solvant le plus souvent utilisé pour procéder à ces dilutions successives est l'eau ou l'alcool. Mais de dilutions en dilutions, celles-ci finissent par ne plus contenir aucune des molécules de la substance active initiale…!

Le principe de « dynamisation »

Selon Hahnemann, il ne faut pas laisser reposer la solution obtenue après chaque dilution, mais la secouer afin de lui conserver une certaine efficacité thérapeutique. Ces secousses n'auraient pas pour but de bien mélanger la solution avant de la diluer à nouveau, mais, selon Hahnemann, ces secousses dites de dynamisation, subies par chaque dilution avant de donner naissance à la suivante, imprégneraient le solvant d'une sorte de mémoire des molécules avec lesquelles il avait été en contact.

Le principe d'individualisation (ou de globalité).

Selon ce principe, chaque malade est un cas particulier et il importe donc de le soigner en appréhendant globalement sa personne, tant physique que psychique et non uniquement les symptômes liés à sa maladie. L'homéopathie se présente ainsi comme une thérapie de la personne toute entière, une médecine holistique, impliquant que deux personnes souffrant du même mal pourront se voir prescrire des traitements différents.

Notons qu'en France, l'autorisation de mise sur le marché (AMM) de produits homéopathiques unitaires n'est pas nécessaire, un enregistrement auprès de l'ANSM (Agence nationale de sécurité du médicament et des produits de santé) étant suffisant. Si le laboratoire qui élabore un produit homéopathique doit garantir son innocuité, il ne lui est pas demandé en revanche, de fournir la preuve de son efficacité thérapeutique, contrairement aux médicaments classiques. Il n'est pas davantage tenu de préciser leur composition, en fournissant le résultat de leur analyse. Un tel traitement administratif réservé aux seuls médicaments homéopathiques - dont la justification est loin d'être clairement expliquée - n'a pas manqué d'être dénoncé par ceux qui contestent l'efficacité réelle de ces derniers et ne leur accordent au mieux qu'un effet placebo.

Sans doute la *loi de similitude* que Christian Samuel Hahnemann considère comme l'un des principes de l'homéopathie médicale procède-telle du même raisonnement par analogie que la *Théorie des signatures* qui est l'une des bases d'une nouvelle médecine proposée par Paracelse, mais c'est le seul point commun que l'on peut relever entre les deux.

D'ailleurs Hahnemann avait considéré que la recherche des signes pour découvrir de nouveaux remèdes n'avait aucun sens :

> « L'insuccès des recherches, écrit-il, a conduit le systématicien de la pharmacologie à suivre une autre voie qui lui semblait plus sure. Il se tourna vers les substances médicinales elles-mêmes, pensant y trouver des signes qui pourraient le guider. Il négligea cependant le fait que leurs

> signes physiques extérieurs sont parfois très trompeurs, aussi trompeurs que la physionomie quand on veut deviner les pensées intimes. Les Lurida ne sont pas toujours toxiques, loin s'en faut et les couleurs agréables des plantes ne prouvent pas non plus toujours leur innocuité. De même, les propriétés spécifiques des drogues qu'on peut juger à leur odeur et à leur goût ne permettent pas de tirer des conclusions sures pour des substances qui n'ont pas encore été expérimentées...Peut-être ajoute-t-il plus loin, la parenté botanique permet-elle de tirer des conclusions sures quant à la similitude des effets ? Elle ne le permet pas davantage, car il y a beaucoup d'exceptions de Johan forces contraires ou très divergentes au sein d'une seule famille de plantes ; et il en va de même de la plupart des familles. » (*Essai sur un nouveau principe pour vérifier le pouvoir curateur des drogues* in *Journal de Pharmacologie pratique et de chirurgie* édité par C W Hufeland, Iéna, 1796, p. 401-405)

Et Hahnemann prend le système naturel de Johan Andreas Murray (1740 - 1791), médecin et botaniste suédois[2], contemporain de Linné, qu'il estime comme le plus complet à son époque pour citer de nombreux exemples où les plantes d'une même famille ont des propriétés curatives opposées. Ainsi, par exemple, écrit-il,

> « Comment se fait-il que la camomille (*Anthemis pyrethrum*) avec sa racine brûlante et la laitue vireuse (*Lactuca virosa*) qui refroidit mortellement, que le séneçon vulgaire (*Senecio vulgaris*) qui provoque des vomissements, que la douce scorsonère, que le gnaphale (*Gnaphalum arenarium*) ainsi que l'héroïque arnica (*Arnica montana*) appartiennent à la même famille des composées ? »

---

[2] Il est l'auteur d'*Apparatus medicaminum tam simplicium quam praeparatorum et compositorum in praxeos adjumentum consideratus*, ouvrage en six volumes consacré aux vertus thérapeutiques des plantes, paru entre 1776 et 1792. Il assura également, la publication en 1774 de la partie botanique de la treizième édition du *Systema naturae* de Linné, sous le titre *Systema vegetabilium.*

La *Théorie des signatures* est présentée par Paracelse comme un guide d'herboriste nécessaire et suffisant pour découvrir des plantes porteuses de propriétés curatives en relation avec le signe dont elles sont marquées. Celle-ci est toutefois insuffisante à ses yeux et elle doit être complétée, selon lui, par la recherche de leur principe actif. Cette dernière va être tentée au cours des *Temps modernes*, mais elle va être limitée au regard des connaissances scientifiques acquises jusque-là. Il faudra attendre les progrès de la recherche au cours du XIXe siècle et jusqu'à nos jours pour que l'on soit en mesure de valider ou non certaines des propositions de la *Théorie des signatures.*

CHAPITRE 2

Théorie des signatures et connaissances scientifiques

Quand la *Théorie des signatures* est proposée par Paracelse comme un guide de recherche des plantes médicinales et de leurs propriétés curatives, la majorité des naturalistes - médecins et/ou botanistes - qui se sont alors spécialisés dans les études de la partie de la *Matière médicale* consacrée aux végétaux semblent l'avoir ignorée.

Ces spécialistes, détenteurs de connaissances approfondies dans leur domaine de recherche, - que l'on pourrait, sans doute avec quelque excès qualifier de « scientifiques » - ont recours à des critères tout autres pour sélectionner les plantes aux vertus curatives. Ils s'appuient en effet généralement sur les écrits des Anciens et sur leur expérience personnelle, comme nous l'avons rappelé au chapitre précédent, pour en établir leur propre inventaire. Mais ils ne donnent aucune explication à la présence de propriétés thérapeutiques chez les plantes qu'ils ont sélectionnées. Ils se contentent de les mentionner et parfois de livrer un compte rendu des analyses chimiques auxquelles ils se sont livrés sur elles, mais sans être en mesure de l'expliquer.

Néanmoins, en dépit du faible niveau des connaissances scientifiques de ces érudits, nous avons jugé qu'il était indispensable de les consulter en priorité dans un premier temps pour vérifier s'ils reconnaissaient aux plantes considérées comme porteuses de signatures, des propriétés identiques à celles qui leur étaient alors reconnues par les tenants de la *Théorie des signatures*. Mais une telle démarche et les constats qu'on en pouvait tirer étaient évidemment insuffisants pour valider ou non la pertinence des propositions de ces derniers. Aussi, compte tenu des progrès continus enregistrés depuis le XVIIIe siècle jusqu'à nos jours, sur la connaissance de la morphologie, de l'anatomie et de la physiologie des plantes ainsi que celle de leurs principes actifs, c'est au regard de ces acquis que nous avons tenté d'examiner dans un deuxième temps si les propositions de la *Théorie des signatures* pourraient encore se révéler pertinentes et de détecter des cas où il serait tentant de la valider, à moins de n'y voir que de simples coïncidences.

Théorie des signatures et connaissances scientifiques aux Temps modernes

Lorsque la *Théorie des signatures* est proposée aux médecins et aux botanistes et suscite rapidement la controverse, la connaissance des propriétés thérapeutiques des végétaux se présente sous deux aspects. D'un côté, elle s'appuie sur les savoirs acquis depuis l'Antiquité et consignés dans de nombreux ouvrages, mais enrichis au fil du temps par l'expérimentation, d'un autre, elle tente de progresser en s'appuyant sur une active recherche des principes actifs des plantes en laboratoire.

1. De la connaissance des plantes médicinales

Pour cerner au mieux le niveau des connaissances sur les propriétés thérapeutiques des plantes entre le XVIe et le

XVIIIe siècle, il nous faut consulter les ouvrages de *Matière Médicale* dont la plus grande partie est consacrée aux végétaux ainsi que les principales *Pharmacopées* qui font référence à cette époque.

Nous avons tout particulièrement privilégié pour nos recherches ceux qui nous ont paru les plus complets et les plus pertinents : le *Dictionnaire universel des drogues simples* (1698,plusieurs fois réédité) de Nicolas Lémery (1645 -1715) ainsi que le *Traité de La Matière Médicale* (*Tractatus de materia medica*) (1741, trad.1757) d'Etienne François Geoffroy (1672 - 1731), la *Pharmacopée royale galénique et chimique* (1676, 1681, rééd. 1691) de Moyse Charas (1619- 1698) ainsi que la *Pharmacopée universelle* de Nicolas Lémery (1697, rééd. 1728). Ce qui n'exclue pas la consultation d'ouvrages antérieurs à cette période comme, par exemple, entre autres, celui de Jacques Dubois (dit Sylvius) (1478-1515) intitulé *La pharmacopée qui est la manière de bien choisir et préparer les simples* (1574, trad. 1580) ou postérieurs comme le *Dictionnaire botanique et pharmaceutique* (1802) publié par Jean François Bastien (1747- 1824) ou le *Dictionnaire botanique et pharmaceutique* (1716) de Dom Nicolas Alexandre (1654-1728), le *Dictionnaire universel de Matière Médicale* de François Victor Mérat de Vaumartoise (1780- 1851) et A J De Lens (1786-1846) ou encore le *Dictionnaire raisonné universel d'Histoire naturelle* (1764 - 1800) de Jean Christophe Valmont de Bomare (1731-1807).

Pour établir leur inventaire des plantes aux vertus curatives recensées dans leurs ouvrages, ces auteurs ont peu herborisé, mais ont bien davantage eu recours aux travaux d'un certain nombre de botanistes et de médecins dont ils donnent généralement les références, soit au début de leur propre ouvrage, comme Nicolas Lémery, soit à l'occasion d'une notice, comme Etienne François Geoffroy. On connait ainsi les livres qu'ils ont consultés et parfois en partie recopiés pour rédiger leurs propres textes. Mais ils ne négligent pas pour autant de mentionner à l'occasion les opinions de leurs confrères sur les vertus curatives des plantes qu'ils citent qui se révèlent parfois divergentes. Le dépouillement de ces répertoires bibliographiques permettrait de dresser un panorama de l'histoire de la botanique médicale antérieure aux *Temps modernes* qu'un chercheur passionné entreprendra peut-être un jour. Nous ne pouvons ici qu'en formuler le vœu !

Ces ouvrages contiennent à la fois un inventaire des plantes, un système de classification qui varie d'ailleurs d'un auteur à l'autre ainsi qu'un recueil de leurs propriétés.

Un inventaire des plantes médicinales

Parmi les auteurs d'ouvrages de *Matière Médicale* ou de *Pharmacopée*, certains jugent utile d'attirer l'attention de leur lecteur sur l'importance qu'il faut accorder au lieu et au moment de la récolte des plantes médicinales afin d'en obtenir la plus grande efficacité thérapeutique possible. C'est pour eux la première condition à respecter pour établir un inventaire fiable de plantes médicinales. Charas, par exemple, donne les instructions suivantes :

> « Touchant le lieu, il faut observer, que les plantes qui viennent d'elles-mêmes, en un lieu libre et proportionné à leur nature, sont à préférer à celles qu'on transplante et qu'on élève par artifice ; que les plantes, qui se trouvent aux montagnes, et surtout celles qui ont l'aspect du soleil levant et du midi doivent être préférées à celles d'une même espèce qui naissent dans les vallées ; qu'une plante chaude et âcre, trouvée en lieu humide a bien moins de chaleur et bien moins d'âcreté que celle qui se trouve en lieu sec ; que celle qui abonde en humidité superflue sera au contraire meilleure en lieu sec qu'en lieu humide… Les herbes avec leurs sommités se cueillent lorsqu'elles sont en leur force, et autant

qu'il est possible vers le plein de la lune ; les fleurs lorsqu'elles sont en gros boutons, ou lorsqu'elles ne sont pas tout à fait épanouies et avant que le soleil les ait fanées ; les racines doivent être cueillies, au commencement du printemps, et dès lors qu'elles commencent à pousser. Les bois doivent être coupés après le plein de la lune. Les larmes, les gommes, les résines et les sucs découlant avant qu'ils soient dissipés par les rayons du soleil ou par les pluies. Les écorces doivent être cueillies lorsque les plantes sont en sève. » (*Pharmacopée,* 1681, Tome I, chapitre 12, p 22)

A supposer qu'ils aient tenu le plus grand compte de tels conseils, les auteurs cités ci-dessus donnent une description des plantes qu'ils ont recensées qui ne varie guère d'un ouvrage à l'autre. Sans doute, certaines sont-elles plus détaillées que d'autres, mais toutes trahissent les efforts de précision de leurs auteurs pour décrire chacune des différentes parties d'un végétal afin qu'il soit possible de l'identifier facilement et de se garder de le confondre avec un autre.

Une classification des plantes

Les ouvrages de *Matière Mé*dicale sont généralement conçus par leurs auteurs à la fois comme des comptes rendus de leurs propres recherches destinés à enrichir les connaissances de la communauté scientifique et des manuels pratiques qui doivent permettre aux médecins de faciliter leurs prescriptions, en les aidant à sélectionner les plantes médicinales les mieux adaptées aux cas qu'ils ont à traiter. La présentation des plantes est laissée à la liberté de chacun. Chez les uns, elles seront classées par ordre alphabétique des noms vernaculaires les plus courants ou les noms latins avec indication de leurs synonymes ou bien selon les maladies qu'elles ont la propriété de guérir, chez d'autres, elles le seront selon les parties du corps, voire selon leurs propriétés curatives, plus rarement selon les astres supposés en relation avec les organes du corps humain. Les auteurs d'ouvrages consacrés à la *Théorie des Signatures* s'écarteront généralement de ces systèmes classificatoires courants pour leur préférer une répartition des plantes selon les signatures qu'elles portent - qui peuvent être chromatiques, morphologiques ou biologiques -, tout en mentionnant les propriétés curatives qui se cachent derrière celles-ci et peuvent être ou non identiques à celles qui leur sont habituellement attribuées de leur temps.

Pierandrea Matthioli, par exemple, donne au début de ses *Commentaires* au *De Materia Medicina* de Dioscoride (pp. LXXXVI à XCIV) un classement des plantes selon les maladies qu'elles ont la propriété de guérir. Il donne ainsi la liste de celles qui sont bonnes « Aux Maladies de la tête, aux Nerfs, aux Yeux, aux Oreilles, au Nez, à la Bouche & à la Langue, aux Dents & Gencives, à la Gorge et au Gozier, à la Poictrine & au Poulmon, aux Mammelles, à l'Estomach, au Foye, à la Ratte, aux Intestins, au Siège & Fondement, aux Reins, à la Vescie, aux membres Génitaux & parties honteuses, à la Matrice, aux bras & aux jambes ». Il ajoute une liste complémentaire où il cite celles qui conviennent « aux Maladies aux fièvres, aux Apostumes, Enflures & Tumeurs, aux Playes, aux Ulcères, aux Rompures & dislocations, aux Poisons & venins ».

La classification des plantes selon les quatre éléments et les degrés est également retenue par certains auteurs. Charas lui consacre d'ailleurs une courte notice dans laquelle il expose sur quels fondements théoriques repose la classification des médicaments selon leurs facultés (*i e* leurs propriétés), laquelle peut évidemment s'appliquer aux plantes puisqu'aussi bien celles-ci en constituent la plus grande partie :

> « On peut définir la faculté des Médicaments, un accident propre et inséparable, duquel dépend leur action ; en sorte qu'on peut dire que les facultés des Médicaments ne peuvent

être bien connues que par l'action. On connait trois facultés au Médicament, savoir l'alternative, la purgative, et la roborative ; l'alternative se connait par l'action manifeste qu'elle donne à nos corps ; la purgative en fait sortir les mauvaises humeurs ou en les expulsant, ou en lubrifiant les conduits pour leur donner issue, ou en les attirant et les faisant sortir par les voies ordinaires. On peut comprendre sous la faculté purgative, la diaphorétique qui fait sortir les humeurs par les pores de la peau et la diurétique qui les pousse par les urines. La faculté roborative fortifie et conserve tout le corps ou quelques-unes de ses parties par une vertu spécifique. On attribue trois facultés au Médicament. La première que les Anciens ont estimée élémentaire, qui ne doit être attribuée qu'aux principes dont elle est constituée ; c'est celle qui échauffe et qui refroidit, qui humecte et qui dessèche ; et suivant leur opinion, tantôt obscurément au premier degré, tantôt manifestement au second, tantôt violemment au troisième, et tantôt extrêmement au quatrième. On donne encore à chaque degré un commencement, un milieu et une fin, qui marque le plus ou le moins de chaleur ou de froideur, d'humidité ou de sécheresse.

Les qualités secondes sont les productions des premières ; car le propre de la chaleur est d'ouvrir, de raréfier, d'atténuer, d'attirer, etc. la propre du froid est d'incrasser, d'épaissir, de boucher, de repousser, etc. Le propre de l'humide est d'humecter, de ramollir, etc. le propre du sec est de rendre compact, d'endurcir, de dissiper les humidités, etc. les qualités troisièmes sont cachées et nous ne pouvons les connaitre que par l'expérience. Les philosophes modernes s'efforcent d'en donner les raisons physiques. » (*Pharmacopée,* 1681, Tome I, chapitre 10, p. 17)

On peut relever un exemple de ce genre de classification toujours chez Matthioli (op. cit. *supra*) qui a publié un inventaire des simples répartis selon leurs « Qualitez premières » (chaud, sec, froid, humide) auxquelles il a ajouté une liste des « Simples que l'on estime temperez ».

Une telle répartition des plantes selon leurs qualités, héritée du galénisme, subsistera encore longtemps dans les ouvrages de *Matière Médicale*, en dépit de la naissance et des progrès d'une chimie moderne. C'est ainsi que l'on y trouve encore régulièrement référence aux quatre « grandes semences froides » (courge, citrouille, melon, concombre), aux quatre « petites semences froides » (laitue, pourpier, endive, chicorée), aux quatre « grandes semences chaudes » (anis, fenouil, cumin, carvi) ainsi qu'aux « quatre petites semences chaudes » (ache, persil, ammi, daucus).

Mais des classifications nettement plus élaborées des plantes médicinales ou usuelles, c'est-à-dire couramment utilisées en médecine, verront le jour au cours des XVIIe et XVIIIe siècles, comme, notamment, celle que propose Pierre Jean Baptiste Chomel (1671 - 1740), Médecin du Roi et Botaniste de renom, dans son *Abrégé de l'histoire des plantes usuelles* (1712), plusieurs fois réédité et qui fera longtemps autorité. Elle est fondée sur un large éventail des propriétés curatives attribuées à chacune des très nombreuses plantes qu'il a recensées.

Un répertoire des qualités ou vertus des plantes

Les auteurs d'ouvrages consacrés aussi bien à la *Matière Médicale* qu'à la *Théorie des signatures* ont eu recours à un vocabulaire particulier pour définir les propriétés curatives attribuées aux plantes qu'ils ont sélectionnées. On notera toutefois que les premiers utilisent cette terminologie pour rendre compte de leurs propres recherches et souvent des résultats obtenus après expérimentation de l'efficacité des propriétés d'une plante sur les malades tandis que les seconds l'emploient pour mentionner une vertu curative déduite de la simple observation des particularités du végétal qui en porte la signature.

L'ouvrage de Chomel cité ci-dessus donne un aperçu relativement complet des termes généralement utilisés dans les ouvrages de *Matière Médicale* alors en usage pour qualifier les vertus curatives des végétaux. Ces propriétés mentionnées pour chaque plante permettent en outre de les classer. Nous avons jugé utile d'en présenter un inventaire relativement complet à l'Annexe 3 du présent chapitre, avec la définition que leur en donne Chomel, car ces qualificatifs sont constamment employés dans les notices auxquelles nous ferons référence dans les chapitres suivants et nous dispensera ainsi de les expliquer à chaque occurrence.

A ce vocabulaire technique, Lémery ajoute dans sa *Pharmacopée* (p 1-6) quelques autres qualificatifs qui peuvent être attribués aux plantes médicinales. La signification de certains d'entre eux est suffisamment claire pour qu'il soit inutile d'en rappeler ici la définition, comme purgatif, fortifiant, dessicatif, atténuant, assoupissant, digestif, détersif, émétique ou vomitif, (re)lâchant, résolutifs, corrosifs, resserrant, arrêtant, cholagogues. Un petit nombre en revanche demande quelques éclaircissements, comme les suivants :

– Condensant : « les remèdes condensent en deux manières ; la première en desséchant l'humeur superflue, la seconde en figeant l'humeur par le froid qu'ils communiquent à la partie malade quand on les applique dessus. »

– Raréfiant : « les remèdes raréfient et atténuent quand, étant composés de parties subtiles et pénétrantes, ils divisent les humeurs et les rendent plus coulantes. »

– Incrassant : « Les remèdes incrassent quand, étant composés de parties glutineuses, ils épaississent les humeurs. »

– Phlegmagogue : « ce sont les remèdes qui, étant composés de parties volatiles et pénétrantes, sont plus disposés que les autres à s'élever au cerveau, à raréfier et dissoudre la pituite. »

– Mélanogogue : « ce sont les remèdes qui, étant composés de parties fixes et fort purgatives, dissolvent l'humeur tartareuse et mélancolique, qui est la plus difficile à détacher. »

– Hydragogues : « ce sont les remèdes qui, étant composés de parties résineuses et salines, ouvrent les vaisseaux lymphatiques et donnent cours à la sérosité. »

– Panchymagogue : « ce sont des mélanges de toutes les espèces de purgatifs ; ils sont dits purger toutes les humeurs. »

– Dentrifique : « ce sont les remèdes qui, étant détersifs et astringents, sont propres à nettoyer les dents, à raffermir leurs ligaments et à les fortifier. »

Ce vocabulaire assez riche et relativement précis est utilisé par tous les auteurs de traités de *Matière médicale* ou d'ouvrages plus particulièrement consacrés à la *Théorie des signatures.* Ces derniers toutefois ne l'utilisent pas systématiquement, se contentant souvent d'indiquer qu'une plante « est bonne pour telle maladie particulière, par exemple la jaunisse ou la cicatrisation des blessures… » sans aucune autre précision. Il est vrai qu'il est relativement facile, de déduire les propriétés qu'ils attribuent à une plante à partir de la correspondance qu'ils relèvent entre sa couleur et celle de la maladie qu'elle est censée soigner ou entre sa morphologie et celle du corps humain atteint par une affection déterminée. Ce qui permet alors de confronter aisément les propriétés attribuées aux plantes selon leurs signatures aux connaissances scientifiques de l'époque,

2. A la recherche des principes actifs

Au cours des *Temps modernes*, l'approfondissement de la connaissance des propriétés des plantes médicinales est pour une large part subordonné aux découvertes des analyses chimiques des végétaux. Celles-ci ressortissent de la pharmacie chimique considérée comme celle des Modernes que l'on distingue alors de la pharmacie galénique qui est perçue comme celle des Anciens. Selon Charas, la pharmacie chimique (ou spagyrique) est « un Art qui nous enseigne à résoudre les corps mixtes et par même moyen à diviser et à connaitre les parties dont ils sont composés, pour en séparer les mauvaises et pour conserver et exalter les bonnes et les unir lorsqu'il en est besoin. » (*Pharmacopée*, 1681, Tome I, p. 2)

Ce qu'il précise dans un autre passage où il la distingue ainsi de la pharmacie galénique :

> « La pharmacie chimique, note-t-il, reconnait, aussi bien que la galénique les végétaux, les animaux et les minéraux pour la matière sur laquelle elle doit fonder ses opérations et dont elle prépare les remèdes propres pour le soulagement ou la guérison des maladies ; mais au lieu que la galénique sépare par les moyens ordinaires les parties qui lui paraissent en quelque façon mauvaises ou inutiles et qu'elle se contente de monder, laver, infuser, cuire, piler, ou même au mêler au besoin celles qu'elle reconnait les meilleures, la Chimique pénètre bien plus avant dans l'intérieur des mixtes, pour en séparer artificiellement toutes les parties qui les composent et les délivrer des impuretés que les sens n'aperçoivent pas, afin qu'en développant ainsi les substances pures, qui sont les principales et plus essentielles parties, elle les mette en état de produire avec efficace tout ce qu'on peut en espérer. » (*Pharmacopée*, 1681, Tome II, Introduction, p. 2)

Selon Charas, la pharmacie galénique se limitait à l'étude de l'aspect extérieur des plantes et à sélectionner entre elles - par « élection » - celles qui étaient de mauvais remèdes de celles qui en étaient de bons. Cette distinction lui permet de valoriser les pratiques de la pharmacie chimique qui analyse la composition interne des plantes, d'en extraire et d'en mesurer les Principes, notamment par la distillation.

L'élection, un préalable à l'analyse chimique

« L'élection, écrit Charas, est un discernement du bon médicament d'avec le mauvais Les Anciens sous le mot d'élection, n'ont pas entendu une connaissance aussi intime que celle que nous pouvons acquérir par la voie de la pharmacie chimique, qui par le moyen des solvants convenables résout les corps dans les principes dont ils sont composés, et nous donne une connaissance intérieure de toutes leurs parties. Mais ils ont seulement entendu une connaissance superficielle de véritable caractère de chaque drogue. Or, l'une et l'autre connaissance ne s'acquiert principalement que par l'entremise des sens que sont la vue, l'odorat, le goût, l'ouïe et l'attouchement, qui ne sont pas toujours nécessaires tous cinq ensemble. » (*Pharmacopée*, 1681, Tome I, chapitre XI, p. 18)

Les Principes présents dans les végétaux

Considérant que la seule élection des remèdes végétaux par l'observation de leurs aspects extérieurs était insuffisante pour sélectionner les bons remèdes des mauvais, Charas privilégie l'analyse chimique de leur composition interne. Tout comme Lémery, il affirme qu'ils sont composés de *Principes* qu'il définit ainsi :

« Les Anciens philosophes, précise-t-il, ont fondé les Principes de toute chose sur les quatre éléments : l'air, le feu, l'eau et la terre ; les Auteurs Chimiques ne connaissent d'autres Principes que ceux qu'on trouve par Art dans la résolution de tous les mixtes. Ces Principes consistent en cinq substances différentes dont trois principales sont nommées

Principes actifs et les deux moindres Principes passifs. On a donné aux premiers le nom de Sel, de Soufre et de Mercure à cause du grand rapport qu'ils ont avec le sel, le soufre et le mercure naturel. On les appelle actifs parce qu'ils renferment toute la vertu qui produit l'action. Le Sel est estimé le fondement de toutes les saveurs, le Soufre des odeurs et de l'inflammabilité et le Mercure des couleurs. Le Flegme et la Terre sont les deux derniers Principes qui ont été nommés passifs, tant pour les distinguer des premiers, qu'à cause qu'ils ne peuvent produire aucune action bien considérable ; ils sont aussi appelés Principes élémentaires, à cause de la conformité qu'ils ont avec l'Eau et avec la Terre, qui sont les plus grossiers des Eléments des Philosophes anciens. Dans la distillation des mixtes, le Flegme insipide, qui nous représente l'Eau parait ordinairement le premier ; l'Esprit, auquel on donne le nom de Mercure vient après ; l'Huile qu'on appelle Soufre parait la troisième ; le Sel, sous son propre nom, se trouve le dernier parmi la Terre, laquelle restant dans le filtre après la séparation du Sel, est estimée le dernier Principe. » (*Pharmacopée*, 1681, Tome I, chapitre III, p. 4)

Charas donne la définition de chacun d'eux - qui sera commune aux médecins, aux botanistes et aux apothicaires - et en énumère ainsi les propriétés :

– Le Flegme ou Phlegme « est un principe estimé passif des chimistes qui s'élève d'ordinaire le premier dans la distillation des mixtes et surtout de ceux dans lequel il abonde. Ceux qui ont reçu les Eléments pour Principes, ont pris le flegme pour l'Elément de l'eau, à laquelle il est assez semblable, lorsqu'il est bien séparé des autres Principes. Le Flegme, quoique faible en apparence, est presque destitué de consistance, est la substance qui est en plus grande quantité dans la composition des Mixtes, et surtout dans celle des Plantes et des Animaux… » Il refrène l'activité des Esprits et il tempère l'acrimonie des Sels, si on l'unit à eux. Il sert aussi à leur dissolution et à celle de toutes les substances aqueuses. Il s'unit aussi aux Huiles, par l’entremise des Sels ; il est propre à tirer diverses teintures et surtout celles des substances auxquelles il avait été joint ;… il modère la chaleur des Huiles ; il sert à lier et à unir la Terre avec les Sels, remédiant à la sécheresse et à la fragilité des derniers ; il rafraîchit et humecte étant seul, mais il reçoit facilement l’impression des substances avec lesquelles on le mêle ; il se corrompt aisément, étant mêlé parmi les substances humides étrangères. »

– L’Esprit désigné sous le nom de Mercure, « est une substance acide aérée, subtile et pénétrante ; il est plus ou moins subtil et pénétrant, suivant la diverse nature des Mixtes d’où il est tiré… Le propre de l’Esprit est de pénétrer, d’inciser, et d’ouvrir les corps compacts et solides ; il carie, il ronge, il brise, il dissout et il brûle même certains Mixtes. »

– Le Soufre « est une substance homogène, liquide, oléagineuse, visqueuse et inflammable qui monte d’ordinaire en forme d’huile après l’esprit dans la distillation. »

– Le Sel « est le Principe qui reste ordinairement mêlé parmi la Terre après la distillation, qui en étant séparé, purifié et desséché, nous paraît de couleur blanchâtre et de consistance sèche et friable. »

– La Terre « se trouve la dernière à la fin de la distillation et de la calcination et lorsqu’on a tiré par filtration le Sel qui était resté avec elle. Elle n’a guère de qualité considérable que l’astriction et la sécheresse. »

Les ouvrages de *Matière médicale* donnent généralement pour chaque plante faisant l’objet d’une notice particulière le résultat des analyses auxquelles l’auteur s’est livré. Celui-ci se contente d’indiquer quelles sont les substances (*i e* les Principes) qu’il a recueillies lors de la distillation de la plante, soit un compte rendu détaillé de son expérience (cf. en Annexe, un exemple tiré du *Traité de Matière Médicale* d'Etienne François Geoffroy). Mais on n'y trouve aucun développement expliquant une quelconque relation entre la composition chimique de la plante et ses différentes qualité ou vertus curatives.

L'analyse chimique des végétaux

La *Théorie des signatures* proposée par Paracelse pour sélectionner les plantes aux vertus curatives était insuffisante pour permettre la fabrication de médicaments susceptibles de guérir efficacement les affections signalées par la signature dont elles étaient porteuses. En effet, selon lui, il fallait parvenir à extraire de la plante porteuse d'une signature le principe actif qu'elle contenait, ce qui correspond à peu près à ce qu'il appelait sa quintessence :

> « La quintessence est donc ce qui donne la couleur ; ainsi, par exemple, la quintessence des coraux est une sorte de graisse de couleur rouge tandis que le corps est blanc. la quintessence de l'émeraude est aussi un jus vert et son corps est blanc… La quintessence peut être extraite par exemple par sublimation, par calcination, par les eaux fortes, par des corrosifs, par des substances douces, par des amères et en fait toute voie peut être envisagée. Ici, il doit être pris soin que chaque chose qui aura été mélangé avec la quintessence par la nécessité d'une extraction doit à nouveau en être retirée jusqu'à ce que la quintessence puisse demeurer seule, non polluée et non mélangée avec d'autres choses. » (*Archidoxis IV*, Ascher III, 21-22)

Dans son *De Natura Rerum* (Aschner, III, 259), par exemple, Paracelse consacre plusieurs pages à quelques-unes des différentes opérations « de laboratoire » auxquelles doit se livrer celui qui veut connaître la « composition des corps » : calcination, sublimation, dissolution, décomposition, distillation, coagulation, teinture.

Charas fait d'ailleurs référence à Paracelse lorsqu'il vante la supériorité de la pharmacie chimique sur la pharmacie galénique :

> « D'autres ont appelé la Pharmacie chimique Art hermétique à cause d'Hermès que quelques-uns ont cru, assez légèrement, en avoir été l'Inventeur, lui donnant pour ce sujet le nom de *Trismégiste*, c'est-à-dire trois fois grand. Quelques-uns l'ont nommée assez à propos Art Distillatoire, parce qu'elle accomplit plusieurs de ses opérations par la Distillation. Paracelse et plusieurs autres l'ont nommée Pharmacie Spagirique qui est une jonction de deux mots grecs *spân* qui signifie séparer et *ageirein* qui signifie assembler parce qu'elle sépare le pur d'avec l'impur et qu'elle unit et assemble les parts pures lorsque les impures ont été séparées. » (*Pharmacopée*, 1681, Tome I, Chapitre I, p. 3)

Les opérations les plus importantes de la pharmacie spagyrique

La préparation des médicaments demande des opérations nombreuses et complexes dont on trouve la description aussi bien dans les pharmacopées que dans les traités de chimie. Les ouvrages des adeptes de la *Théorie des signatures* n'y consacrent aucune digression, renvoyant aux principales pharmacopées en usage à leur époque. Celles-ci sont alors nombreuses, publiées sous des noms divers d'Antidotarium, Thesaurus, Formularium, Dispensatorium, Enchiridion, Officina, Armamentarium, Codex, etc. et se présentent comme des recueils de formules pharmaceutiques décrivant les substances à employer, leur quantité et la façon de les préparer. Toutefois, certaines font autorité comme celles de Charas ou de Lémery.

Dans son « Cours de Chymie, contenant la manière de faire les Opérations qui sont en usage dans la Médecine », publié en 1687, Nicolas Lémery livre « l'explication de plusieurs termes desquels on se sert en Chymie ». Il en donne également une liste (en latin) au début de sa Pharmacopée. Nous en trouvons également dans d'autres ouvrages spécialisés de la même époque, comme, par exemple dans celui, moins austère, de Marie Meurdrac : *La Chymie charitable et facile en faveur des Dames* (1666).

On s'en tiendra ici à rappeler ce qu'il faut entendre alors par « la distillation », qui est l'une des plus importantes opérations pratiquées par les chimistes pour connaitre la composition interne des végétaux. Porta lui a même consacré un ouvrage entier (*De Distillationibus*, 1608). « La distillation, écrit-il, est la résolution en vapeur sous l'action de la chaleur des parties humides qui se transforment en liquide lorsqu'elles rencontrent du froid et un resserrement. »

Les chimistes distinguent alors deux manières principales de distiller : la distillation qu'ils nomment *per ascensum,* et celle qui est effectuée *per descendum.* La première qui est la plus couramment employée consiste « à distiller quand on met le feu sous le vaisseau qui contient la matière qu'on veut chauffer, afin que l'humidité s'élève au chapiteau pour retomber ensuite dans le récipient ». La seconde « se fait quand on met le feu sur la marmite qu'on veut chauffer, alors l'humidité étant raréfiée et la vapeur qui en sort ne pouvant s'élever à cause du feu qui la repousse, elle se précipite et distille au fond du vaisseau. » (N. Lémery *Pharmacopée universelle*, 1697)

Porta ajoute un troisième mode de distillation (*distillatio per inclinationem*) et précise que « chacune de ces sortes de distillation se divise à nouveau, selon le nombre des éléments en quatre, à savoir celle par le feu, par la terre, par l'air et par l'eau. » Mais ces opérations propres à l'analyse chimique des plantes sont beaucoup plus nombreuses à être pratiquées. On en trouvera une longue liste quelque peu déconcertante dans la *Pharmacopée* de Charas dont chaque terme fait l'objet d'un chapitre explicatif qu'il serait pour le moins fastidieux de décrire ici : lotion, purgation, trituration, cribration, infusion, humectation, nutrition, dissolution, échauffement, insolation, coction, maturation, fermentation, digestion, macération, teinture, circulation, cohobation, elixation, ébullition, clarification, aromatisation, coloration, frixion, assation, torréfaction, ustion, cinération, extinction, calcination, amalgamation, fumigation, cémentation, stratification, fusion, granulation, projection, détonation, fulmination, réverbération, lapidification, vitrification ; précipitation, sublimation, distillation, rectification, extraction évaporation, exhalation, liquéfaction, coagulation, fixation, congélation, cristallisation, spiritualisation, corporification, réduction, mortification, mixtion !

La prescription et la préparation des remèdes

Qu'il soit convaincu ou non par la *Théorie des signatures*, le médecin doit prescrire des remèdes pour soigner et guérir le patient qui s'adresse à lui. Sans doute peut-il préparer lui-même les médicaments qui lui paraissent les plus efficaces ; mais il n'en a souvent guère le temps et parfois n'y trouve-t-il aucun intérêt. D'autant que de nouvelles drogues ne cessent d'être découvertes et lui être proposées. Force lui est donc imposée de s'en remettre à un spécialiste.

A l'époque où est proposée la *Théorie des signatures* comme guide général de recherche des plantes aux vertus curatives, ceux qui ont connaissance des propriétés des végétaux se répartissent entre médecins, apothicaires, épiciers, droguistes, herboristes et l'activité de chacun d'eux est réglementée par des textes relativement précis. En revanche, seuls les médecins, les apothicaires auxquels il convient d'ajouter les chimistes se chargent de procéder à la recherche des principes actifs présents dans les végétaux, que ceux-ci soient ou non porteurs de signature.

Dans la Préface de sa *Pharmacopée universelle*, Nicolas Lémery, lui-même médecin et apothicaire, esquisse quels doivent être les rôles respectifs du médecin et de l'apothicaire :

> « Quoique la Pharmacie ne soit qu'une partie de la Médecine, elle est pourtant une vaste étendue ; elle a pour objet les minéraux, les végétaux et les animaux ; elle dévoile la composition d'un grand nombre de mixtes naturels, non seulement par la voie de l'analyse et de la décomposition, mais encore par celle de la composition, c'est-à-dire en formant de nouveaux composés tout à fait semblables à plusieurs de ceux de la nature ; elle choisit, sépare, assemble, prépare, mêle et fait un grand nombre de remèdes excellents et de différentes vertus pour les maladies de toute espèce que le médecin a à combattre.
>
> Au reste, quoiqu'il semble que la Pharmacie appartienne spécialement à l'Apothicaire, elle appartient cependant encore davantage au Médecin. Sa connaissance suppose celle de la Matière Médécinale. »
>
> « Il était donc important pour le bien public que le Médecin, déjà trop occupé par ailleurs, se déchargeât sur d'autres de l'exécution de ses ordonnances ; mais, si ce manuel a passé en d'autres mains, la Pharmacie lui est toujours restée en propre, la connaissance lui en étant indispensablement nécessaire. S'il l'ignorait, comment pourrait-il mettre en œuvre des remèdes dont la composition, la préparation et les vertus lui seraient inconnues ? Ne sont-ce pas les ordonnances qu'on exécute ? ...Par conséquent, l'apothicaire peut et doit être regardé comme le substitut du Médecin par rapport au manuel de la Pharmacie. »

Précisons le rôle de chacun, tel qu'il est défini dans le *Dictionnaire portatif des Arts et Métiers* (1767) :

– L'apothicaire : il doit maitriser « l'Art qui enseigne à connaitre, choisir, préparer et mêler les médicaments. La Pharmacie ou Apothicairerie comprend donc la partie de l'Histoire Naturelle que l'on nomme Matière Médicale qui apprend à connaitre toutes les drogues simples qui sont d'usage en médecine ; l'élection ou le choix des médicaments qui enseigne comment on doit les choisir, en quel temps on doit se les procurer, la manière de les sécher et celle de les conserver ; la préparation qui enseigne comment il faut préparer les médicaments simples avant de les employer ; la mixtion qui enseigne à mêler les drogues simples pour en faire des médicaments composés. »

Ces médicaments se présentent sous des formes variées que l'apothicaire a pour fonction de préparer. C'est toutefois toujours au médecin qu'il appartient de préciser la dose et la posologie de chacune des préparations qu'il prescrit. Elles sont fort nombreuses et leur définition précise ne saurait trouver place dans ce simple essai. On se limitera à en donner la liste qu'en propose Nicolas Lémery qui consacre un chapitre entier de sa *Pharmacopée universelle* (1697) à chacune d'elles. Ce sont :

– Les « petites préparations » : décoction, tisane, infusion, apozème, julep, émulsion, amandée et orgeat, potion, mixture, bol, gargarisme, masticatoire, errhine, injection, lavement ou clystère, suppositoire, pessaire, fomentation, embrocation, lotion, mucilage, épithème, écusson, cucuphe, parfum, frontal, collyre, cataplasme dentifrice. (pp. 61 à 117)

– Les compositions dont on se sert intérieurement : condit, conserve, hydromel oxymel, miel, sirop, looch, poudre, trochisque, pilules, tablettes, électuaires solides et liquides, opiats, confections, eaux distillées, élixirs. (pp. 161 à 973)

– Les compositions extérieures : huiles, onguents, cédrats, emplâtres. (pp. 974 à 1214).

– L'herboriste : il est spécialisé dans la vente des plantes indigènes, concurrençant ainsi les apothicaires. L'auteur de l'article consacré à ces derniers dans le *Dictionnaire des Arts et Métiers* cité ci-dessus, note en effet : « La Pharmacie est encore à la veille de perdre une partie de son domaine (après l'art du parfumeur, celui du confiturier et celui du vinaigrier) si les Apothicaires ne surveillent pas sérieusement les Herboristes qui, depuis plusieurs années, ont fait des tentatives et des efforts pour s'ériger en Communauté et pour s'emparer de toutes les plantes indigènes, fraîches ou sèches, à l'exclusion des Apothicaires : ce qui pourrait devenir préjudiciable pour le Public, par le défaut d'éducation nécessaire pour acquérir toutes les connaissances de Botanique qu'exige cette partie de la matière médicale. »

– L'épicier : « est le marchand qui fait le commerce d'épicerie et de droguerie simple. » Il vend « en gros et en détail toutes les épices et toutes les drogues simples qui s'emploient dans les aliments, dans la Médecine et dans les Arts. Sous le nom d'épices, on comprend toutes les substances végétales étrangères qui ont une saveur et une odeur propres à les rendre d'un usage utile ou agréable. »

– Le droguiste n'est pas distinct de l'épicier ; la vente des drogues fait partie de l'activité de l'épicier qui est d'ailleurs appelé "épicier droguiste" pour cette raison." Sous le nom de drogues et de droguerie, on comprend principalement celles des substances des trois règnes de la Nature qui sont employés pour les usages de la Médecine et des Arts et qui nous viennent pour la plupart des pays étrangers, surtout du Levant et des Indes orientales."

– Le grainetier « qui vend en détail et à petites mesures toutes sortes de grains, graine et légumes ».

Il conviendrait d'ajouter à cette liste des intervenants, les moines et les religieuses apothicaires qui préparent également des médicaments, parfois en vendent et sont de ce fait en concurrence avec les apothicaires.

*

* *

Nous avons exposé dans notre *Flore médicale des signatures* quels étaient les arguments développés par ceux qui contestaient la *Théorie des signatures*. Nous ne les reprendrons donc pas ici. On se contentera de rappeler que leurs critiques se fondaient essentiellement sur les failles d'un raisonnement qu'ils jugeaient fallacieux, car il souffrait de trop nombreuses exceptions pour être acceptable. A l'appui de leurs démonstrations, ils mentionnaient de nombreux exemples de plantes médicinales où la théorie pouvait être prise en défaut, en s'appuyant non seulement sur les enseignements tirés des écrits des Anciens, mais surtout sur les propres expériences réalisées sur les malades pour déterminer les propriétés curatives des plantes.

Certains d'entre eux reconnaissaient toutefois que l'on pouvait observer des cas où les vertus thérapeutiques d'une plante, que celle-ci aurait indiquées par une signature, étaient aussi largement reconnues par les médecins de leur temps. Mais, faute d'instruments d'investigation permettant de connaître l'anatomie, la morphologie et la physiologie des végétaux, ils étaient dans l'incapacité d'expliquer s'il existait ou non une relation entre signature et propriété chez une telle plante.

Dans le cadre de cet essai, nous ne pouvions confronter les affirmations des partisans de la *Théorie des signatures* sur les vertus curatives de toutes les « plantes signées » aux détenteurs des connaissances scientifiques des *Temps modernes* cités plus haut. Nous nous sommes donc limité à n'en examiner qu'un petit nombre parmi celles dont les propriétés étaient mentionnées aussi bien par les uns que par les autres.

La Théorie des signatures au regard de la science aujourd'hui

Si les médecins et les botanistes des Temps modernes savaient pertinemment que les propriétés des plantes médicinales sont variables selon l'époque de l'année, les parties de la plante, la durée de conservation une fois récoltées, leur mode d'emploi, la dose la plus efficace de leur préparation à prescrire (trop faible et donc d'aucun effet, trop forte et de ce fait dangereuse, voire mortelle), ils ignoraient encore - bien qu'on eût découvert l'existence des cellules végétales -, quelle était la composition de celles-ci ainsi que la fonction des éléments qui les composent. Il faudra attendre le XIXe siècle pour que soit engagée la recherche et l'identification des principes actifs qui y sont présents ainsi que soient mises au point leur extraction.

Ces découvertes successives dont a pu bénéficier la connaissance des propriétés des plantes n'ont cessé de se succéder depuis le XVIIIe siècle jusqu'à nos jours. Elles ont été rendues possibles grâce à des découvertes majeures, parmi lesquelles celle du microscope et par suite, celle de la cellule végétale ont joué un rôle primordial. La complexité des recherches sur les propriétés des végétaux est telle qu'elle a dû se spécialiser et se répartir désormais entre différentes disciplines particulières, parmi lesquelles la Pharmacognosie et la Phytochimie occupent une place déterminante.

La découverte du microscope

Il devait permettre d'examiner les plantes et plus particulièrement chacun de leurs éléments difficilement visibles, voire invisibles à l'œil nu, grâce à une lentille.

L'auteur de son invention reste contesté. On s'accorde toutefois le plus souvent à attribuer à Janssen Zacharias, un opticien hollandais, la confection en 1595, du premier microscope composé de deux lentilles convexes, l'une servant d'objectif grossissant, l'autre d'oculaire. On l'attribue parfois aussi à Antoni van Leeuwenhoek (1632-1723), un drapier hollandais, qui se rendit célèbre en attirant tout particulièrement l'attention des biologistes sur les utilisations de ce dernier, bien que les microscopes de son invention n'aient été que des instruments simples et de taille réduite, comprenant une lentille unique mais forte, pouvant grossir jusqu'à 300 fois.

Par la suite, l'appareil fut l'objet de nombreuses améliorations, tant au niveau de sa forme que de ses lentilles. Et c'est avec un microscope composé d'une table, d'un système de mise au point et d'un éclairage à condenseur que Robert Hooke découvrira la cellule. À la fin du XVIIe siècle, Christiaan Huygens améliorera considérablement la perception des objets les plus petits en imaginant un nouvel instrument composé d'un oculaire simple à deux lentilles corrigeant ainsi toute aberration chromatique.

L'utilisation du microscope par les botanistes permit non seulement la découverte et l'étude des cellules, mais aussi parfois d'apporter une solution à des questions qui divisaient alors les spécialistes. Lémery en donne un exemple dans sa notice sur la fougère :

> « Les fougères mâles ont le dos couvert comme d'une manière de poussière rougeâtre-brune que Césalpin et plusieurs autres Botanistes ont crû avec raison être des semences, parce qu'ils avaient observé que les terres sur lesquelles on avait jeté des feuilles de fougère produisaient des petites

plantes de même espèce. Mais voici que les observations qu'a faites M. Tournefort sur ce sujet avec un microscope, comme il les rapporte dans son Livre, lesquelles décident la question.

Cette plante, dit-il, en parlant de la fougère mâle, porte ses fruits sur le dos des feuilles où ils sont le plus souvent rangés à double rang le long de leurs découpures : ils ont la figure d'un fer à cheval appliqué immédiatement sur ces feuilles et comme rivé par derrière ; chaque fruit est couvert d'une peau relevée en bossette et qui parait comme écailleuse ; cette peau se flétrit ensuite, se ride et se réduit ensuite en petit volume au milieu du fruit ; elle laisse voir alors un tas de coques ou vessies presque ovales entourées d'un cordon à grains de chapelet, par le raccourcissement duquel chaque coque s'ouvre en travers comme par une espèce de ressort, et jette beaucoup de semences menües. » (*Traité universel des drogues simples*, 1760, p 313).

Il faut attendre le XXe siècle pour qu'apparaissent les microscopes électroniques dont le premier prototype est construit en 1931 par les ingénieurs allemands Ernst Ruska et Max Knoll. Alors que le microscope optique utilise un faisceau de lumière et des lentilles en verre, le microscope électronique est doté de lentilles électromagnétiques et d'un faisceau d'électrons. Ce qui permet un grossissement qui peut atteindre jusqu'à 5 millions de fois, contre 2000 fois avec un microscope optique. Le microscope électronique sera à son tour l'objet de nombreux perfectionnements et sera désormais un instrument essentiel et indispensable des laboratoires de recherches.

La découverte de la cellule végétale

Il faudra attendre la découverte des cellules végétales grâce à celle du microscope pour que puissent être engagées les premières recherches fondamentales en biologie et physiologie végétales parmi lesquelles les plus remarquables, consignées dans des publications, sont celles de Robert Hooke (1635 - 1703) (*Micrographia*, 1655), de Marcello Malpighi (1628 - 1694) (*Anatome Plantarum*, 1675) ou encore de Nehemiah Grew (1628 - 1711) (*The Anatomy of Plants*, 1682). Elles jetteront les bases scientifiques non seulement de la morphologie végétale qui a pour objet l'étude de la forme et de la structure externe des plantes et de leurs organes, mais aussi celles de l'anatomie végétale qui porte sur la structure interne des végétaux et les processus par lesquelles elle s'établit, ainsi que celles de la physiologie végétale qui décrit le fonctionnement de la plante. Mais il faudra attendre le XIXe siècle pour que les recherches de nombreux scientifiques aboutissent notamment à la découverte du noyau cellulaire par Robert Brown (1773 - 1858), à l'explication de la formation des cellules selon la théorie cellulaire de Theodor Schwann (1810- 1882) et Mathias Jacob Schleiden (1804 - 1881) ou encore à celle de la division cellulaire par Franz Unger (1800 - 1870)... et le XXe siècle pour la découverte des gènes et de l'ADN. Une histoire bien trop longue pour être rapportée ici.

De nos jours, l'approfondissement des connaissances sur la composition, la physiologie et les propriétés des végétaux fait l'objet d'actives recherches, notamment en biochimie, en phytochimie, en biologie moléculaire, et plus particulièrement en pharmacologie et en pharmacognosie lorsqu'il s'agit de plantes aux possibles propriétés thérapeutiques.

– La *phytochimie* étudie les grandes fonctions du métabolisme primaire et du métabolisme secondaire des végétaux qui sont des organismes autotrophes ainsi que leur structure chimique au moyen de techniques analytiques telles que la spectrométrie et la chromatographie.

– La *pharmacognosie* est spécialisée dans l'étude des matières premières et des substances principalement à visée thérapeutique d'origine biologique qui peuvent être obtenues à partir des végétaux, des animaux, de champignons ou de microbes ou par fermentation à partir de micro-organismes. Elle ne saurait toutefois se limiter à l'étude des seules plantes à potentialité médicamenteuse, mais intègre également dans ses recherches par exemple, les plantes toxiques, les plantes hallucinogènes, les plantes à visée cosmétologique ou encore des insecticides d'origine végétale.

– La *pharmacologie* qui est au sens propre la « science du médicament » étudie les mécanismes d'interaction entre une substance active et l'organisme dans lequel elle évolue, dans le but de pouvoir utiliser celle-ci à des fins thérapeutiques, comme l'élaboration d'un médicament ou son amélioration. Elle étudie également les moyens d'administration des médicaments, les interactions médicamenteuses et leurs possibles effets néfastes.

La poursuite de la recherche des principes actifs

La recherche des principes actifs présents dans les végétaux n'a jamais cessé de passionner les chercheurs, mais aussi les laboratoires pharmaceutiques, toujours en quête de nouveaux médicaments. D'autant qu'est venu s'ajouter aux plantes connues aux *Temps modernes*, un très grand nombre de végétaux utilisés à des fins thérapeutiques et souvent avec succès par des populations lointaines vivant au plus près de la nature. Les *ethno pharmacologues* tentent d'en effectuer le recensement, mais il reste aux recherches en laboratoire à valider ou non leur réputation locale.

Toutefois, les procédés traditionnels (infusion, décoction ou macération) étant évidemment insuffisants pour parvenir à extraire les principes actifs contenus dans les plantes, il faut désormais recourir à des techniques de plus en plus complexes pour y procéder, tels que la distillation, la lixiviation ou percolation, la centrifugation différentielle, le cryobroyage ou encore le CO2 supercritique.

Nous ne ferons qu'évoquer ici le recours systématique aux seules propriétés des plantes pour traiter une grande partie des maladies qui est recommandé par les partisans de la *phytothérapie*, une médecine fondée sur l'emploi des extraits de plantes et de leurs principes actifs naturels, identifiés et standardisés, c'est-à-dire assurant la proportion de la quantité de principe actif par rapport à la plante totale ou à son extrait. Précisons que ses praticiens jugent que le *totum*, c'est-à-dire l'ensemble des principes actifs présents dans une plante et qui y agissent en synergie, a une efficacité thérapeutique supérieure à celle de chacun de ses composants pris isolément. Ce qui implique le recours à un mode d'extraction faisant appel à des techniques particulières.

On ne saurait enfin oublier d'évoquer ici, bien qu'elles soient impossibles à dater, les nombreuses pratiques d'une médecine populaire locale auxquelles avaient recours les populations pauvres et souvent isolées des campagnes. Certaines d'entre elles où les plantes occupent une large place, mais dont la composition était jalousement gardée, transmise oralement de générations en générations, ont pu être recueillies auprès des derniers détenteurs de ce savoir, généralement âgés, au cours d'enquêtes conduites dans plusieurs régions de France par des ethnobotanistes. On y relève parfois quelques références plus ou moins explicitement exprimées à la *Théorie des signatures*. Mais ce savoir est en voie de disparition, faute de relais de transmission.

Le docteur F. J. Cazin (1788 -1864), citant Hippocrate[3], déplorait déjà la perte prévisible de ce savoir dans son *Traité pratique et raisonné des plantes médicinales indigènes* (1868), l'un des meilleurs ouvrages sur le sujet, auquel nous ferons souvent référence dans les chapitres suivants : « Ce serait un livre vraiment utile, écrivait-il, que celui qui contiendrait tous les remèdes populaires traditionnellement répandus dans les campagnes. Fernel, au rapport de Bordeu, méditait, au moment où il mourut, un ouvrage sur l'usage et l'administration de tous les remèdes domestiques, empiriques et autres : quel malheur, dit le médecin béarnais, qu'un homme qui parait avoir marié le dogme à l'empirisme, n'ait pas eu le temps de remplir cet important objet !... » (p 101)

Nous avons signalé dans notre Bibliographie, quelques ouvrages qui rendent compte de telles recherches effectuées localement sur ces pratiques d'une médecine domestique aujourd'hui pratiquement disparue. Nous y ferons référence à l'occasion dans les chapitres suivants.

*

* *

S'il s'est avéré relativement facile d'examiner dans quelle mesure les propriétés curatives attribuées à un certain nombre de plantes selon la *Théorie des signatures* pouvaient être validées ou non au regard des connaissances scientifiques acquises aux *Temps modernes*, il s'est révélé nettement plus délicat de poursuivre notre examen quand il s'est agi de savoir si les résultats de cette première démarche pouvaient être confirmés ou infirmés au regard des connaissances sur les vertus curatives des vé-

---

[3] Hippocrate *in Praeceptis* : *ni pigeat ex plebeis sciscitari, si quid ad curationem utile* (*i e* on ne négligera pas non plus de se renseigner auprès des gens si cela est de quelque utilité pour le traitement).

gétaux acquises scientifiquement depuis lors jusqu'à nos jours.

En effet, les publications qui donnent les résultats des essais cliniques démontrant les effets thérapeutiques de chacune des plantes que nous avons sélectionnées, ne sont pas toujours aisément accessibles et quand elles le sont, se révèlent souvent insuffisamment précises. La connaissance scientifiquement prouvée des principes actifs qu'elles contiennent n'est donc pas toujours totalement assurée.

Une telle situation est d'autant plus paradoxale qu'on on assiste depuis plusieurs années déjà à une prolifération de publications consacrées aux plantes médicinales, toujours plus prometteuses les unes que les autres, qui se justifie notamment par le regain actuel d'intérêt pour la phytothérapie. Elles sont malheureusement de valeur très inégale et il faut dans bien des cas prendre garde de leur accorder toute sa confiance. En effet, quand leurs auteurs signalent les propriétés curatives et parfois succinctement, la composition chimique et la nature des principes actifs que contiennent les plantes qu'ils ont répertoriées, ils ne citent généralement pas les références scientifiques sur lesquels ils s'appuient. Nombre d'entre eux ne font d'ailleurs que recopier des notices publiées antérieurement par d'autres auteurs.

Par prudence, nous n'avons donc retenu comme référence au cours de nos recherches qu'un nombre restreint d'ouvrages dont on trouvera la liste dans notre Bibliographie, et souvent la citation dans les notices des chapitres suivants où nous avons présenté les plantes selon leurs signatures chromatiques, morphologiques et biologiques ou physiologiques.

ANNEXE I. Analyse chimique d'une plante au XVIIIe siècle : Le millepertuis

Extrait du *Traité de Matière Médicale* (*Tractatus de materia medica*) (1741) d'Etienne François Geoffroy (1672-1731)

ANNEXE I

Analyse chimique d'une plante au XVIII ème siècle: Le millepertuis

Extrait du *Traité de Matière Médicale* (*Tractatus de materia medica*) (1741) d'Etienne François Geoffroy (1672- 1731)

Dans l'Analyſe Chymique, de ℔v. de la plante entière fleurie, ſans les racines, diſtillées au B. V. il eſt ſorti ℔ij. ℥iv. de liqueur limpide, d'une odeur & d'une ſaveur agréable, obſcurément acide, contenant un peu d'huile eſſentielle : ℔j. ℥j. ʒij. de liqueur limpide, manifeſtement acide, un peu auſtère. La maſſe noire qui eſt reſtée, étant diſtillée à la cornue, a donné ℥vj. ʒv. de liqueur rouſſe, légèrement empyreumatique, acide, auſtère, un peu ſalée : ʒiv. gr. xxxvj. de liqueur brune, empyreumatique, remplie de beaucoup de ſel volatil-urineux : ℥iv. ʒj. gr. l. d'huile eſſentielle, ſoit tenue, ſemblable à l'huile de Térébenthine, ſoit groſſière, & de la conſiſtance de graiſſe.

La maſſe noire qui eſt reſtée dans la cornue, peſoit ℥xj. ʒiv. laquelle étant calcinée au creuſet pendant 18. heures, a laiſſé ℥j. gr. lx. de cendres blanchâtres, dont on a tiré par la lixiviation ʒij. gr. ij. de ſel fixe un peu alkali. La perte des parties dans la diſtillation à été de ℥iij. ʒvj. gr. lviij. & dans la calcination de ℥x. ʒiij. gr. xij.

ANNEXE 2. Des mesures utilisées en Pharmacie au XVIIIe siècle

Extrait du *Dictionnaire portatif des Arts et Métiers* (1767)

48

ANNEXE 2

Des mesures utilisées en Pharmacie au XVIII ème siècle

Extrait du *Dictionnaire portatif des Arts et Métiers* (1767)

Des Poids qui sont d'usage en Pharmacie.

La livre de Médecine est composée de douze onces ; mais celle qui est d'usage à Paris est composée de seize onces, ou de deux marcs d'Orfèvres. Une livre de seize onces se désigne par ce caractère . . . . ℔ j.

La demi livre, ou huit onces . . . . ℔ß.

L'once, ou huit gros . . . . ℥ j.

La demi-once, ou quatre gros . . . . ℥ ß.

Le gros, ou dragme, qui vaut trois scrupules, ou soixante-douze grains . . . . ʒ j.

Le demi-gros . . . . ʒ ß.

Le scrupule, qui contient vingt-quatre grains . . ℈ j.

Le demi scrupule, qui contient douze grains . . ℈ ß.

Le grain, ou la soixante-douzieme partie du gros Gr. j.

La pinte de Paris contient deux livres, ou trente-deux onces d'eau froide, au terme de la congellation.

La chopine contient seize onces

Le demi-septier contient huit onces.

Le poiçon contient quatre onces.

Le demi-poiçon contient deux onces.

On ordonne quelquefois un verre de médecine, un verre de tisane, &c., il doit contenir quatre onces.

Anciennes mesures de poids							Valeurs en grammes
Livre	1						489,503
Marc	2	1					244,752
Once	16	8	1				30,594
Gros ou Drachme	128	64	8	1			3,823
Denier ou Scrupule	384	192	24	3	1		1,274
Grain	9216	4608	576	72	24	1	0,053

(d'après B. Garnier, J C Hocquet, B Woronoff *Introduction à la Métrologie historique*)

ANNEXE 3. Classification des plantes médicinales en fonction de leurs propriétés

Selon Pierre Jean Baptiste Chomel (*Abrégé de l'histoire des plantes usuelles* (1712)), les plantes peuvent être :

– Evacuantes : « Elles vident les humeurs par les voies sensibles et ordinaires. »

– Purgatives : « Elles purgent soit par le vomissement et alors on les appelle émétiques, soit par le ventre et on les nomme purgatives ou cathartiques. »

– Béchiques ou pectorales : « Nous appelons remèdes béchiques, ceux qui apaisent la toux et qui procurent l'évacuation des matières pituiteuses, grossières et épaisses, lesquelles compriment les vésicules pulmonaires et sont attachés à la surface interne de la trachée artère et de ses rameaux ; cette évacuation se fait par les crachats, ce qui s'appelle expectoration et les remèdes qui la procure sont appelés expectorants. »

– Errhines ou sternutatoires et salivantes : « Les remèdes qui par leur âcreté sont capables de picoter la membrane du nez et d'exciter par cette irritation l'éternuement s'appellent errhines ou sternutatoires. Ces plantes sont ordinairement mises en usage dans les maux de tête, dans la léthargie, l'apoplexie et les autres dispositions soporeuses. »

– Hystériques : « On appelle remèdes hystériques ou emménagogues ceux qui sont propres à rétablir les évacuations naturelles au sexe. On les emploie ordinairement pour procurer les mois aux filles et guérir la plupart des maladies que cette suppression leur cause, comme sont les pâles-couleurs, la jaunisse, les coliques, les migraines, etc…On donne aussi ce nom aux remèdes capables de guérir les maladies de la matrice. Ces remèdes sont aussi donnés avec succès dans les vapeurs qui sont accompagnées de convulsions, de difficultés de respirer, de ris et de pleurs successives et d'autres accidents qui arrivent le plus souvent aux femmes, à l'occasion de la suppression de leurs ordinaires. »

– Apéritives et diurétiques : « On appelle remèdes diurétiques ceux qui sont propres à procurer l'évacuation de la sérosité superflue du sang par la voie des uretères et des urines. On leur donne aussi le nom d'apéritifs parce qu'ils n'ouvrent pas seulement les reins en levant les obstructions formées dans les glandes de ces parties, mais aussi parce qu'ils sont capables de faire le même effet dans les glandes du foie, du mésentère et des autres parties du bas-ventre ; c'est pourquoi les remèdes hépatiques sont apéritifs. »

– Diaphorétiques et sudorifiques : « Il est démontré que le sang se dépure par une continuelle, quoique insensible, évaporation d'une quantité si considérable d'humeurs qu'elle surpasse toutes les autres évacuations ensemble ; les remèdes capables de rétablir cette sorte d'évacuation en la rendant plus abondante et plus aisée s'appellent diaphorétiques ; ceux qui l'augmentent au point de la rendre sensible sous forme de sueur s'appellent sudorifiques. »

– Cordiales et alexitère : « Nous appelons plantes cordiales celles qui passent pour avoir la propriété de fortifier le cœur et qu'on emploie avec succès dans les maladies qui semblent attaquer particulièrement cette partie, comme sont les syncopes, les défaillances, les évanouissements etc., dans lesquels le mouvement du cœur est suspendu ou interrompu. On appelle aussi ces plantes alexitère, parce, qu'elles conviennent dans les maladies contagieuses et pestilentielles, contre les poisons et la morsure des bêtes venimeuses, dans les fièvres malignes et pourprées, et dans les maladies dans lesquelles la chaleur naturelle est presque éteinte. »

– Altérantes : « On appelle plantes altérantes, celles qui, par un changement et une altération salutaire, corrigent la mauvaise qualité des humeurs et en rétablissent la tissure et la constitution naturelle, en rendant la santé perdue. »

– Céphaliques et aromatiques : « Les plantes céphaliques sont ainsi nommées parce qu'elles sont propres aux maladies de la tête, conviennent surtout à celles du cerveau, comme l'apoplexie, la paralysie, l'épilepsie, la léthargie et la plupart des maladies du genre nerveux qui sont accompagnées de mouvements convulsifs. Entre ces plantes, il y en a plusieurs qui ont une odeur forte et pénétrante desquelles on tire par l'analyse chimique des principes actifs et une potion considérable d'huile essentielle ; on les appelle aromatiques. »

– Ophtalmiques : « On appelle remèdes ophtalmiques ceux qui sont propres pour les maladies des yeux. »

– Stomachiques et vermifuges : « On appelle remèdes stomachiques non pas ceux qui guérissent les maladies de l'estomac, mais ceux qui sont capables de rétablir sa fonction principale qui est la digestion des aliments. »

– Fébrifuges : « Nous appelons remèdes fébrifuges ceux qui guérissent les fièvres intermittentes de quelque nature qu'elles soient, ou qui emportent ou qui modèrent les redoublements des fièvres continues. »

– Hépatiques et spléniques : « On a donné le nom d'hépatiques et de spléniques à plusieurs plantes qu'on a reconnues propres aux maladies du foie et de la rate. »

– Carminatives : « Le défaut de la digestion des aliments dans l'estomac et dans les premières voies, est souvent cause de la production des vents ; une maladie si commune demande des remèdes pour la guérir. Ces remèdes s'appellent carminatifs parce qu'ils sont capables de diviser et de résoudre les matières visqueuses et gluantes dans lesquelles l'air se trouve embarrassé, se raréfie, cause des gonflements et des distensions douloureuses dans l'estomac et les intestins. »

– Antiscorbutiques : « On appelle remèdes antiscorbutiques tout ce qui est capable de guérir le scorbut. »

– Vulnéraires astringentes : « Ce sont celles qui peuvent, en resserrant les vaisseaux, arrêter le sang et suspendre les hémorragies. »

– Vulnéraires détersives : « On entend par remèdes détersifs ceux qui sont capables de nettoyer les plaies, c'est-à-dire de faire tomber les chairs mauvaises et baveuses qui entretiennent la pourriture, empêchent la réunion de la plaie et la formation de la cicatrice. »

– Vulnéraires apéritives : « Ce sont celles d'entre les plantes vulnéraires qui ont la propriété d'emporter les obstructions, de pousser le sable et les matières glaireuses par la voie des urines. »

– Émollientes : On appelle remèdes émollients « ceux qui ont la propriété d'amollir et de relâcher les fibres trop tendues, aussi bien que d'adoucir l'âcreté des sucs qui par leur irritation, entretiennent et occasionnent cette tension. »

– Résolutives : « Ce n'est souvent pas assez d'amollir et de relâcher les fibres trop tendues et de rétablir leur souplesse pour les rendre plus propres à hâter le cours des humeurs lorsqu'il est ralenti ; ses humeurs sont parfois parvenues à un tel point d'épaississement et de coagulation qu'elles éludent l'impression du ressort des parties solides si on ne trouve pas le moyen de les résoudre et de rétablir leur fluidité naturelle. Les remèdes qui produisent cet effet s'appellent résolutifs. »

– Assoupissantes et anodines : « Les remèdes qui calment les douleurs s'appellent anodins et ceux qui provoquent le sommeil assoupissants, hypnotiques ou narcotiques. »

– Rafraîchissantes et épaississantes : Ce sont « les plantes capables d'apaiser le mouvement précipité des humeurs ou de leur donner plus de consistance, soit en délayant les sels âcres qui agitent le sang et le tiennent en dissolution, soit en les embarrassant et en les développant. »

Chomel applique cette clef de classification pour répartir les plantes médicinales dont il a effectué l'inventaire (5e édition en deux volumes, 1739) :

Première Partie : Plantes évacuantes	
1ère classe : Plantes purgatives	Cartame (ou saffran bâtard, d'Allemagne, graine de perroquet), prunier (ou petit damas noir), prunellier (ou prunier sauvage), nerprun (ou noirprun, bourg-épine), pescher, roses pâles, roses muscates (ou de Damas), flambe (ou iris, glaïeul), iris de Florence, couleuvrée (bryone ou vigne blanche), soldanelle (ou chou marin), sureau, yèble (ou petit sureau), aulne noir (ou bourgène), lin sauvage, tithimale (herbe à lait, esule ou réveille-matin), agaric, concombre sauvage, gratiole (herbe à pauvre homme), cabaret (oreille d'homme, oreillette, rondelle, Girard Roussin, nard sauvage), pain de pourceau, ellébore noir, ellébore blanc, lauréole, garou (ou timelée), grand liseron (ou lizet), casse, tamarins, séné, manne, aloe, rhubarbe, rhapontic (ou rhubarbe des moines), myrabolans, scamonée, jalap, mécoacan, hermodacte, turbith, thapsie (ou faux turbith), ipecacuana, coloquinte, pignons d'Inde (ricin, palme de Christ, grains de tilli), gomme gutte
2e classe : Plantes béchiques ou pectorales	Capillaire (ou cheveux de Vénus), politric, ruta muraria, ceterac, pulmonaire, réglisse, pas d'âne (tussilage), coquelicot (pavot rouge), pié de chat, herbe à coton, chou rouge, navet, bouroche (ou bourrache), buglose (ou bouglose), vipersine (ou herbe aux vipères), aunée (ou énule campane), lierre terrestre (ou terrette, herbe de Saint Jean, rondotte), vélar (ou tortelle), queue de pourceau (ou fenouil de porc), rosée du soleil, amandier, figuier, raisins, pommier de renette, jujubier, *sibestes, dattes, pistaches, cotton, benjoin, sucre de canne* *
3e classe : Plantes errhines ou sternutatoires et salivantes	Nicotiane (ou tabac, herbe à la Reine, petun), moutarde (ou senevé), herbe aux poux (ou staphis-aigre), herbe à éternuer, coquelourde, marronnier d'Inde, laurier rose, *gingembre, mastic, pyrèthre, poivre, euphorbe* *

4ᵉ classe : Plantes hystériques	Aristoloche, armoise, botris, matricaire, mélisse (citronnelle), rue, sabine, soucy, giroflier jaune (ou violier), meum, valériane, souchet, espatule (ou glayeul puant), marrube, saffran, herbe au chat, menthe (ou baume aquatique), agnus castus, arroche puante, *calamus verus* (ou *roseau odorant, acorus, gomme-ammoniac, myrrhe, galbanum, assa- fœtida, sagapenum* (ou *gomme de séraphin), opoponax, camphre* *
5ᵉ classe : Plantes apéritives et diurétiques	Chicorée sauvage, pissenlit (ou dent de lion), oseille (ou surelle ou vinette), patience (ou parelle), fraisier, alkékenge (ou coquerelles), ache et céleri, maceron gros persil de Macédoine), persil, asperge, fenouil, petit houx (ou housson, fragon, houx frelon, boüis piquant), arrête bœuf (ou bugrande, bugrane), caprier, garence, chiendent, chardon Roland (ou panicaut, chardon à cent têtes), chardon étoilé (ou chausse trape), raifort, oignon, poireau, pois-chiche, perce pierre (ou saxifrage), passe pierre (ou fenoüil marin, bacile, herbe de Saint Pierre), camphrée, ancolie (ou gants de Nôtre Dame), nielle, pavot cornu, bardane (ou gloutteron), xanthium Dod., filipendule, gratteron (ou rieble), grémil (ou herbe aux perles), larme de Job, herniole (ou turquette, herbe du Turc), genest, artichaut, chervi, fresne, bouleau, tamaris, sapin, térébinthe, *bois néphrétique, pareyra-brava* (ou *vigne batarde), thé* *
6ᵉ classe : Plantes diaphoré-tiques et sudorifiques	Chardon bénit, chardon-Marie (ou artichaut sauvage), reine des prez, scorsonère (ou cercifie d'Espagne), scabieuse, scordium (ou chamaras, germandrée d'eau), genièvre (ou petron, petrot), angélique, impératoire (autruche, beujoin françois), pétasites (ou herbe aux teigneux), perce-mousse, boüis (ou buis), noyer, *gayac*(ou *bois Saint), sassafras* (ou *bois de canelle, pavame), salse-pareille, esquine* (ou *squine), zédoaire* (ou *zerumbeth), oliban* (ou *encens mâle)* *
7ᵉ classe : Plantes cordiales et alexitère	Ail et rocambole, fraxinelle (ou dictame blanc, diptam), carline (ou caméléon blanc, chardonerette), dompte venin, anthora, doronic, graine d'écarlate, œillet, alléluia (ou pain à coucou), citron (ou limon), orange, raisin de renard, satyrion, galéga, agripaulme, thlaspi (ou taraspic), *amome, cardamome* (ou *maniguette ou graine de Paradis), cubebes* (ou *poivre à queuë), poivre de la Jamaique* (ou *graine de girofle, poivre de Thevet ou petit girofle rond, amome des Anglais et des Hollandais*), *bois de baume, fruit ou graine de baume, anacarde, contrayerva, vipérine* (ou *serpentaire de Virginie), spic-nard, schœnante (ou jonc odorant), santal, scille, feuille d'Inde (ou malabatre), corail* *

Seconde partie : **Section première** **Plantes altérantes du premier ordre**	
1ère classe : Plantes céphaliques et aromatiques	Bétoine, muguet, tillau (ou tilleul), pivoine, guy de chesne, primevère (ou primerolle, fleur de coucou), mouron, caille-lait (ou petit muguet), merisier (ou cerisier sauvage), polium, basilic, calament, pouliot (ou pouliot-thim), thym, cerpolet, romarin, sauge, lavande (spic, aspic, nard), stoecas, hysope, sariette, marjolaine, marum, origan, dictame de Crète, laurier, digitale, *cannelle, canelle girofle* (ou *clou de girofle*), *canelle giroflée* (ou *écorce de girofle, capelet, bois de crabe*), *muscade* et *macis, storax, bois d'aloës, galanga* *
2e classe : Plantes ophtal-miques	Eclaire (ou chélidoine, felougne), eufraise, toute bonne (ou orvale), verveine, bleüet (ou aubifoin Blaveole, péroole, barbiau, casse-lunette), pied d'alouette, bruyère (ou petrole), chardon à bonnetier ou foulon, trèfle, *sarcocolle* (ou *colle-chair*) *
3e classe : Plantes stoma-chiques et vermifuges	Absinthe (ou aluyne), aurone, baume (ou menthe), eupatoire de Mésuë, tanaisie, estragon, coraline (ou brion, mousse marine), *poudre à vers* (ou *barbotine, santoline, semencine*), *café* (ou *coffé*), *chocolat, cachou* (ou *terre du Japon*) *
4e classe : Plantes fébrifuges	Gentiane, petite centaurée, germandrée (ou petit chêne, chénette) benoite (ou galiot, recise, herbe de Saint Benoit,gariot), argentine, boursette (ou bourse, mallette à berger, tabouret), lysimachea cærulea (ou galericulata, vel gratiola cærulea), *quinquina* *
5e classe : Plantes hépatiques et spléniques	Aigremoine, eupatoire d'Avicenne, scolopendre (ou langue de cerf), polipode, fougère (ou feugère), fume-terre (ou fiel de terre), houblon, chanvre, pied de veau, serpentaire, cerfeüil, hépatique, grande centaurée, cuscute (ou goutte, augure de lion), *epithim* (ou *barbe de moine*) *
6e classe : Plantes carmina-tives	Anis, coriandre, carvi, ammi, aneth, daucus, panais, livèche (ou ache de montagne), seseli, sison (ou amome), mélilot (ou mirlirot), camomille
7e classe : Plantes antiscorbutiques	Herbe aux cuilliers, cresson, capucine, becabunga, berle (ou ache d'eau), herbe aux écus (ou nummulaire), trèfle d'eau, roquette, passerage, raifort sauvage, patience aquatique (ou parelle de marais), *canelle blanche, costus indique ou arabique, curcuma* (ou *souchet des Indes*), *gomme-lacque* *

Seconde section : Plantes altérantes du second ordre	
Première classe : **Chapitre premier** Plantes vulnéraires astringentes,	Bugle (ou petite consoude), brunelle (ou brunette), sanicle, pied de lion, pervenche, pyrole, piloselle (ou oreille de souris), millefeuille (ou herbe au charpentier), renouée (ou trainasse), paquette (ou marguerite), grande consoude (ou oreille d'âne), orpin (ou reprise, grassette, joubarbe des vignes, fève épaisse), sceau de Salomon, plantain, amarante, patience rouge (ou sang de dragon), talitron, quinte-feüille, tormentille, bistorte, bec de gruë (ou de cigogne), perce-feuille, croisette, ortie, presle (ou queue de cheval), airelle (ou raisin de bois, morets), myrte (ou meurte), grenadier (ou balaustes), épine-vinette, coignassier, églantier (ou rosier sauvage), roses de Provins, sumac, cyprès, chesne, sorbier, liège, coudrier (ou noisetier), orme (ou ormeau), chateignier, néflier, cornouiller, iris jaune des prez, macres (cornoüelles ou châteignes d'eau, corniches, écharbots, trèfles d'eau), vesse de loup, *baume tacamahaca* (ou gomme tacamaque), *gomme caragne*, *ladanum* (ou *labdanum*), *hypociste*, *acacia*, *sang de Dragon* *
Chapitre second Plantes vulnéraires détersives	Persicaire, ronce, troesne, herbe aux verrues, herbe aux gueux (ou viorne), renoncule (ou bacinet,, grenouillère, pié-de-Corbin, pié-de- coq), alliaire, lierre, soude (ou salicot, la Marie), savonnière, herbe de Sainte-Barbe, lampsane, herbe de Saint Jacques (ou Jacobée), chvre-feüille, pomme de merveille, double feüille, langue de serpent (ou petite serpentaire, herbe sans couture), lotier odorant (ou faux baume du Pérou), *gomme elemi*, *gomme animé*, *gomme copal*, *bdellium* *
Chapitre troisième Plantes vulnéraires apéritives	Véronique, velvote (ou véronique femelle), verge d'or, mille-pertuis, yvette, pimprenelle (ou pimpenelle), œil de bœuf, mélisse bâtarde, colophone (ou résine, bray sec, arançon, poix de Bourgogne
Seconde classe : Plantes émollientes	Mauve, guimauve, violier (ou violette), mercuriale (ou foirole), pariétaire, séneçon, poirée (ou bette), arroche (ou Belle-Dame, Bonne Dame, follette), épinards, Bon-Henry, acanthe (ou branc-ursine), berce (ou fausse branc-ursine), bouillon blanc (ou molène, bon homme), lis, lin, linaire (ou lin sauvage), olivier, peuplier, houx

3ème classe : Plantes résolutives	Orge, seigle (ou soigle), blé (ou froment), blé noir ou sarrasin, blé de Turquie, avoine, fève (ou haricot), orobe, vesse, lupin, fenugrec, lentille, pois, grande scrophulaire (herbe du siège), petite scrophulaire (ou petite chélidoine), herbe de Saint Etienne, lamium, stachis, chardon hémorroïdal (ou chardon aux ânes), racine Vierge (ou sceau nôtre Dame), petit lizet (ou lizeron), pastel sauvage
4ème classe : Plantes assoupis-santes et anodines	Pavot, hannebane (ou jusquiame), cigue, mandragore, morelle, belladona, phytolaca, pomme épineuse (ou stramonium), pomme dorée (ou pomme d'amour), mayenne
5ème classe : Plantes rafraîchis-santes et épaississantes	Citroüille, concombre, courge (ou calebasse), melon, laitue, laitron, pourpier, endive (ou chicorée, scariole), joubarbe, nombril de Vénus, morgeline (ou mouron), nénuphar (ou lis d'étang, blanc d'eau, volet), lentille d'eau ou de marais, millet (ou mil), mache (ou blan-chette, poule grasse, salade de chanoine), raiponse, herbe aux puces, langue de chien, cerisier, framboisier, groseillier, meurier, saulx (ou saule), pin, gomme adragant (ou barbe-renard), *gomme arabique, riz**

N B :

- Nous avons conservé l'orthographe des noms des plantes retenue par Chomel
- *Les mots en italiques sont ceux des plantes considérées comme « étrangères » par Chomel

CHAPITRE 3

Les signatures chromatiques

A l'époque où apparaît la *Théorie des signatures*, la coloration des plantes à fleurs n'a fait l'objet d'aucune recherche pour en expliquer la variété et la raison d'être. Les auteurs d'ouvrages de botanique ou de *Matière médicale* se contentent alors généralement de préciser quelle est la couleur des fleurs, voire de la racine pour chacune des plantes qu'ils ont recensées et dont ils donnent une description plus ou moins détaillée. Il est vrai qu'ils ne pouvaient guère avancer d'explication sur la présence même de couleurs sur certaines parties des végétaux, car ils ignoraient totalement comment elles étaient produites, quelle en était la composition chimique, quelles étaient leurs fonctions et pourquoi elles étaient différentes selon les espèces végétales, voire entre les individus d'une même espèce.

En revanche, pour Paracelse et ceux qui ont adopté sa *Théorie des signatures*, ces questions ne demeurent pas totalement sans réponse. Selon eux, en effet, une telle diversité s'expliquait par la grande sollicitude de Dieu pour le genre humain qui aurait utilisé cette particularité pour attirer l'attention des mortels et leur signaler les propriétés thérapeutiques des plantes. Cette naïve explication était d'ailleurs pour partie partagée par certains auteurs étrangers aux théories de Paracelse. Pour ceux-ci, les couleurs des plantes participaient à la beauté de la création voulue par Dieu et cette conception de la nature se prolongera longtemps encore aux siècles suivants. On trouvera par exemple des passages assez représentatifs d'une telle perception du monde - où elle est largement évoquée - dans *le Spectacle de la Nature* de l'abbé Pluche qui consacre ses Tomes II et III au règne végétal, un ouvrage qui remporta un certain succès et fut largement diffusé au XVIIIe siècle,

Il faudra attendre les découvertes de Newton sur la composition de la lumière (1671) et des travaux scientifiques qui lui succédèrent pour que l'on comprenne que la couleur est la perception que nous avons des différentes longueurs d'onde qui constituent la lumière visible et qui s'étend du violet (longueur d'onde = 400 nanomètres) au rouge (longueur d'onde = 700 nanomètres). Au-delà de ces longueurs d'onde, la lumière devient invisible et commence respectivement le domaine de l'ultraviolet et celui de l'infrarouge. On sait que de nombreux phénomènes induits par la lumière (photomorphogenèse) modifient la forme et la couleur des plantes. On sait aussi depuis relativement récemment que la perception des couleurs par certains animaux, comme les insectes et les oiseaux, est parfois différente de celle de l'homme.

Comment les plantes sont-elles colorées ?

Pour répondre à cette question, il nous faut brièvement rappeler quelques données sur les couleurs des végétaux découvertes progressivement au cours des XIXe et XXe siècle et qui continuent d'ailleurs de faire encore aujourd'hui l'objet de recherches de plus en plus ciblées.

La grande diversité de couleurs que nous offrent les végétaux est due aux pigments présents dans leurs cellules. Ceux-ci sont des molécules qui colorent en réfléchissant et/ou en transmettant la lumière visible. La coloration d'un pigment dépend de son absorption sélective de certaines longueurs d'onde et de la réflexion d'autres longueurs d'onde.

Les pigments observés chez les végétaux sont très nombreux et leurs propriétés étendues. Ils sont présents dans les cellules des feuilles, des fleurs, des fruits, des graines, des racines, du bois ou encore de la sève, et plus précisément, dans les chloroplastes, les chromoplastes ainsi que dans les vacuoles. Leur composition dépend de nombreux facteurs comme par exemple l'âge ou la variété de la plante qu'ils colorent ou encore la nature du sol.

Parmi ceux qui jouent un rôle important chez les plantes à fleurs, on citera brièvement les suivants :

– La chlorophylle est de loin le pigment le plus présent dans le règne végétal. On le trouve chez tous les végétaux aquatiques et terrestres ; il absorbe les rayonnements violets et orange-rouge du spectre solaire et réfléchit la lumière verte et jaune. C'est ce pigment qui colore en vert la plupart des feuilles des végétaux. Son rôle est essentiel dans la photosynthèse.

– Les caroténoïdes sont des pigments accessoires de la photosynthèse. Ils sont responsables des couleurs jaunes, orangées et rouges de nombreux fruits et légumes. Ils absorbent en effet les gammes du spectre situées entre le violet et le rouge. Ils sont contenus dans les chloroplastes et plus particulièrement dans les chromoplastes. Il en existe plus de 600 parmi lesquels on peut citer le carotène, la lutéine, le lycopène, les xanthophyles.

– Les flavonoïdes constituent une autre classe importante de pigments qui sont à l'origine de la couleur de nombreuses fleurs et fruits. Ils couvrent une large gamme de couleur allant du rouge à l'ultraviolet en passant par le jaune. Leur couleur dépend notamment de leur structure mais aussi de l'acidité du milieu (ph). Les jaunes viennent des chalcones, aurones et flavonols jaunes, les rouges et les mauves des anthocyanosides, les bleus trouvent leurs origines dans les co-pigments flavones-anthocyanosides.

– Les anthocyanes qui donnent des couleurs rouge, rose, bleue, violet et pourpre sont des pigments situés dans les vacuoles des cellules, dont la couleur dépend également de leur structure chimique et peut varier selon l'acidité du milieu. Ils donnent leur couleur aussi bien aux feuilles d'automne qu'aux fruits rouges. Ils jouent un rôle important dans la pollinisation des fleurs et la dispersion des graines, ainsi que dans la protection des plantes contre les agressions du milieu. Par exemple, la cyanidine est rouge en milieu acide, bleue en milieu basique, et violette en milieu neutre. C'est ainsi que le même pigment est responsable de la couleur bleue dans le bleuet et de la couleur rouge dans le coquelicot !

Actuellement c'est à la Phytochimie et à la Pharmacognosie, plus spécialisée dans l'étude des substances à potentialité médicamenteuse d'origine biologique que revient l'étude des pigments et de leurs propriétés, tandis que c'est à la Chimiotaxonomie, une branche nouvelle de la taxonomie, qu'il appartient de classer les végétaux selon leur composition chimique.

Pourquoi les plantes sont-elles colorées ?

Si Paracelse et les médecins-botanistes qui ont rédigé des ouvrages sur les plantes médicinales ne soupçonnaient guère l'existence des pigments végétaux, puisqu'aussi bien ils ignoraient celle des cellules végétales, il est évident qu'ils étaient dans l'incapacité d'expliquer *comment* les plantes pouvaient se parer d'une aussi grande variété de couleurs. Et ils ne pouvaient pas davantage comprendre *pourquoi* certaines de leurs parties étaient colorées, notamment leurs fleurs, alors que d'autres ne l'étaient pas. Mais s'étaient-ils seulement posé ces questions ?

La réponse qui leur fut apportée demanda bien des années de recherche. On en rappellera brièvement les étapes.

Comme tout être vivant, chaque plante est soumise à l'impérieuse nécessité d'assurer sa descendance, et par là même, la pérennité de son espèce, et pour ce faire, de mettre en œuvre tous les moyens possibles dont elle dispose. Mais jusqu'à la découverte du sexe des plantes par Hermann Boerhaave (1668 - 1738) ainsi qu'aux travaux de R.J. Camerer (1665 - 1721) et de S. Vaillant (1669 - 1722) sur la sexualité des fleurs, on ignorait comment. Carl Linné avait bien comparé la sexualité des plantes à celle des animaux, et les différentes parties des fleurs aux organes sexuels des hommes et des femmes, mais il n'avait pas pour autant tenté d'expliquer leur mode de fonctionnement. Il appartint à J. G. Kœlreuter de découvrir la pollinisation des fleurs par les insectes et à C. K. Sprengel (1750 - 1846) de décrire les différents modes de pollinisation. Mais, si Camerer avait bien découvert que le pollen était l'élément mâle, on n'avait pas élucidé la question de la manière dont il fertilisait l'ovule. Et ce sont les recherches de R. Brown (1773 - 1858), de G. B. Amici (1786 - 1863) et d'A. Brongniart (1801 - 1876) qui apportèrent enfin la réponse à cette question fondamentale, indispensable à la compréhension de la fécondation et de la reproduction des végétaux : la reproduction sexuée chez les plantes nécessite le transport du pollen de l'organe mâle (étamine) vers l'organe femelle (pistil).

Bien que certaines plantes soient capables de s'autoféconder ou d'utiliser le vent ou encore l'eau pour la propagation de leur pollen, ce sont essentiellement les animaux pollinisateurs, insectes et oiseaux, qui assurent ce transport. Le problème pour la plante est de les attirer. Ce sont les pigments colorés de leurs fleurs qui vont s'en charger, ne laissant à leur odeur de ne jouer qu'un rôle nettement moindre. Celles-ci fournissent en effet une indication précise au pollinisateur potentiel sur la capacité de la plante à lui offrir une récompense sous forme de nectar, s'il se pose sur elle. Ainsi, cet échange de bons procédés bénéficie aussi bien à la plante qu'au pollinisateur. Grâce à la visite que ce dernier rend à la plante, le pollen dont il se charge va se poser sur les étamines et assurera la fécondation de l'ovule, tandis qu'il se régale du nectar mis à sa portée. Pour s'assurer de l'attraction qu'elles exerceront sur ses pollinisateurs, les plantes sélectionneront même les couleurs qui leur semblent avoir le plus de chance de séduire les pollinisateurs les plus actifs présents localement.

A la recherche du principe actif : la couleur serait-elle un indicatif ?

La *Théorie des signatures* propose une piste de recherche pour découvrir des plantes aux vertus curatives dans la Nature. Il est vrai que les signatures chromatiques sont certainement les plus faciles à repérer. Mais celles-ci suggèrent-elles qu'il y a une relation entre la couleur d'une partie de la plante, la fleur ou la racine en particulier, et les principes actifs qu'elle contient et leurs propriétés ?

Certains botanistes et médecins qui ont critiqué la *Théorie des signatures* dès qu'elle leur a été proposée, ont répondu par la négative, en développant des arguments qui s'appuyaient sur des raisonnements logiques et non sur des observations scientifiques. On peut les résumer ainsi :

1. Toutes les plantes dont un élément est d'une couleur donnée, ce qui lui vaut d'être considérée comme porteuse d'une signature chromatique, n'ont pas les propriétés thérapeutiques qu'elles devraient nécessairement posséder du seul fait qu'elles sont « signées » par cette couleur.

2. Parmi toutes ces plantes « signées », certaines ont effectivement des propriétés thérapeutiques, mais ce ne sont aucunement celles qu'elles devraient avoir selon la *Théorie des signatures.*

3. De nombreuses plantes dont aucun élément n'est d'une couleur donnée possèdent cependant les mêmes propriétés curatives que celles qui en sont pourvues.

Compte tenu du cadre restreint qu'impose nécessairement cet essai, nous ne pouvions vérifier dans quelle mesure toutes les plantes porteuses de signatures chromatiques possédaient effectivement les propriétés curatives que leur attribuaient les tenants de la *Théorie des signatures.*

Nous avons donc choisi de sélectionner ici uniquement les plantes qui portent l'une des trois couleurs qui ont plus particulièrement retenu l'attention de ces derniers : le rouge, le jaune et le blanc.

1. La couleur rouge

Selon la *Théorie des signatures*, les plantes dont un de leurs éléments est de couleur rouge seraient efficaces pour traiter de nombreuses pathologies associées au sang dont le rouge est une des principales caractéristiques extérieures. On remarquera toutefois que le sang ne doit pas sa coloration rouge à l'un des différents pigments qui donnent celle-ci aux végétaux, mais à l'oxydation du fer contenu dans les molécules d'hémoglobine, une métalloprotéine présente essentiellement dans les globules rouges du sang.

S'il est évident que toutes les plantes qui présentent cette signature ne sont pas des plantes médicinales, il en est un certain nombre qui ont été sélectionnées par différents auteurs de

Flores médicales fondées sur la *Théorie des signatures* pour avoir des vertus curatives en relation avec le rouge, qu'il s'agisse de propriétés dépuratives, fortifiantes, hémostatiques, emménagogues vulnéraires, ou fébrifuges. Certaines plantes ne sont mentionnées que pour traiter une seule affection, beaucoup d'autres ont des vertus curatives multiples.

1.1. Le rouge et les plaies

Parmi les plantes auxquelles les tenants de la *Théorie des signatures* ont attribué des propriétés vulnéraires ou pour arrêter les hémorragies, on peut citer :

– La consoude tubéreuse (symphutum petraeum) (*Sumphutum officinalis* L) (Boraginacées) Ce sont probablement ses fleurs dont la couleur peut varier du violet rouge au blanc jaune qui ont valu à la grande consoude d'être considérée comme vulnéraire et hémostatique. Le nom grec utilisé pour la désigner (*sumphutô* traduit en latin par *consolida*) signifie « je réunis » car on lui attribuait la propriété de guérir les plaies, cicatriser les blessures et réduire les fractures. On l'appelait d'ailleurs autrefois également « Herbe à la coupure » ou encore « Herbe au charpentier », ce qui signale assez explicitement les principales vertus qu'on lui accordait alors. Chomel la classe d'ailleurs parmi les plantes vulnéraires astringentes et précise que « la racine et le suc des feuilles réunissent également bien les plaies ; ce remède, écrit-il, est en usage à la campagne et je l'ai souvent éprouvé pour des coupures. Dans les pertes de sang, on emploie ordinairement la tisane faite avec la racine ; elle est utile dans le crachement de sang. » Lémery note de son côté que « sa racine est incrassante, consolidante, propre pour la phtisie, pour les fluxions de la poitrine, pour le crachement de sang, pour la dysenterie, pour agglutiner les plaies, pour les fractures ou dislocations, pour les hernies. » On lui reconnait aujourd'hui des propriétés anti-inflammatoires et cicatrisantes qui seraient dues à l'allantoïne et aux polysaccharides qu'elle contient (Bruneton, Fleurentin) sans aucune relation avec la couleur des fleurs. La plante est inscrite dans la Pharmacopée française (2016) où il est précisé que c'est la racine qui est la partie de la plante utilisée et que tous ses organes sont toxiques. C'est pourquoi, la grande consoude ne doit pas être prise par voie orale, mais exclusivement en applications externes.

– Le géranium (différentes espèces du Genre *Geranium* L, notamment *Geranium sanguineum* L, *Geranium robertianum* L) (Géraniacées)

Le nom attribué à différentes espèces de géranium par les botanistes évoque le sang. Parmi elles, celle qui est désignée sous le nom d'Herbe à Robert est celle à laquelle la *Théorie des signatures* parait particulièrement bien s'appliquer. En effet, sa tige ainsi que les pétioles de ses feuilles sont rougeâtre et ses fleurs sont d'un rose pourpré. Quant à son nom, l'attribution à Robert pourrait provenir d'une déformation de l'adjectif latin *ruber* qui signifie rouge, puis par confusion avec un certain Robert, (d'aucuns disent le premier évêque de Strasbourg au VIII ème siècle) auquel on attribua la découverte des propriétés hémostatiques et vulnéraires de la plante. Lémery note « qu'il contient beaucoup de sel essentiel et d'huile » et que cette plante « est détersive et astringente, vulnéraire ; elle dissout et résout le sang caillé, appliqué en cataplasme ou en fomentation, et donné intérieurement en décoction. » Chomel classe le géranium parmi les plantes vulnéraires astringentes. Cazin ne semble pas lui reconnaitre de telles propriétés. Il note en effet que « de telles assertions remontent au temps où la crédulité attribuait aux plantes les plus inertes les propriétés les plus merveilleuses. Mais faut-il, parce que l'expérience n'a pas justifié les éloges prodigués au bec de grue l'exclure de la matière médicale indigène ? » Il reconnait toutefois avoir observé son utilisation efficace dans l'hématurie des bestiaux, mais il ne mentionne aucune application chez l'homme pouvant justifier les propriétés qui lui étaient attribuées par le passé. En revanche, il lui prête d'autres vertus et avoue notamment l'avoir mis en usage en gargarisme dans les engorgements des amygdales et vers la fin des angines. De nos jours, on lui reconnait d'avoir des propriétés astringentes hémostatiques du fait des tanins qu'il contient (Morel), mais sa composition chimique n'est pas connue avec précision. Elle est toutefois encore utilisée pour traiter les diarrhées légères (Bruneton) et en gargarisme dans les affections de la bouche et du pharynx (Fleurentin). La plante est inscrite dans la Pharmacopée française (2016) où il est précisé que c'est la plante entière qui est utilisée.

– La renouée bistorte (bistorta) (*Polygonum bistorta* (L) Samp) (Polygonacées) Cf aussi *infra* p. 186.

Les partisans de la *Théorie des signatures* ont probablement eu leur attention attirée par « ses épis où sont attachés des petites fleurs à étamines de couleur incarnate ou purpurine », mais aussi par « sa racine de couleur brune ou noirâtre par dehors, rouge en dedans », ce qui les a incités à y voir une analogie avec la couleur du sang et à en déduire qu'elle avait la vertu d'arrêter « les pertes de sang et les évacuations excessives de sang menstruel » (Chomel). Ce que confirme Lémery qui note : « sa racine est employée souvent en Médecine. On nous l'apporte des pays chauds. Elle contient beaucoup d'huile et de sel essentiel. Elle est astringente, propre pour résister au venin, pour arrêter le vomissement, les cours de ventre et les hémorragies, pour empêcher l'avortement. » Geoffroy ajoute « qu'elle a une vertu balsamique, vulnéraire et astringente.

On a coutume de l'employer lorsqu'il est besoin d'astriction, comme dans l'incontinence urinaire, la gonorrhée, les règles trop abondantes, pour arrêter le sang qui coule des plaies, dans les crachements de sang, le vomissement bilieux, la dysenterie et les autres flux de ventre. On met encore cette plante au nombre des alexipharmaques et sudorifiques ; c'est pourquoi on l'emploie pour les fièvres malignes, la petite vérole, la peste, la dysenterie maligne. » Pour Cazin, la bistorte est un astringent puissant et il rapporte qu'elle a constamment répondu à son attente dans les cas d'hémorragies passives. De nos jours, on lui reconnait des propriétés astringentes, hémostatiques, anti-inflammatoires (Morel) du fait notamment de sa forte teneur en tanins, ce qui n'a aucun rapport avec la couleur de ses fleurs. La plante est inscrite dans la Pharmacopée française (2016) où il est précisé que c'est la partie souterraine qui est la partie de la plante utilisée.

– La ronce (différentes espèces, notamment *Rubus fruticosus* L.) (Rosacées)

Le rouge des fruits avant leur maturité a sans doute été remarqué et interprété comme une signature par les tenants de la *Théorie des signatures.*

« Des fleurs, écrit Lémery, naissent aux sommités de ses branches, petites, attachées chacune à un pédicule court, composées de cinq feuilles (*i e* pétales) rougeâtres, disposées en rose…Quand cette fleur est passée, il parait un fruit rond ou ovale, fait comme une petite mûre, composé de plusieurs baies pleines d'un suc, entassées les unes proches des autres, rouges au commencement, mais qui en mûrissant deviennent noires. » Lémery ajoute : « On emploie dans la médecine ses sommités, son fruit et quelquefois ses racines. Ses sommités contiennent un peu de sel essentiel et de l'huile. Elles sont détersives, pectorales, astringentes. » Cazin note que l'on se sert des feuilles et des tiges tendres en décoction principalement pour les gargarismes, pour les maux de gorge, dans l'engorgement des gencives, les aphtes, la stomatite, la dysenterie, l'hématurie. Ce sont principalement ses propriétés astringentes - que la ronce doit aux tanins qu'elle contient - qui lui sont aujourd'hui reconnues, ce qui lui vaut d'être utilisée dans le traitement des diarrhées légères (Bruneton). La plante est traditionnellement utilisée en application locale pour la cicatrisation des petites plaies. Mais les effets thérapeutiques ne sont pas scientifiquement démontrés. Elle est inscrite dans la Pharmacopée française (2016) où il est précisé que c'est la feuille qui est la partie de la plante utilisée.

1.2. Le rouge et les règles

Les plantes porteuses d'une signature chromatique de la couleur du sang était également considérées par les tenants de la *Théorie des signatures* comme porteuses de vertus emménagogues.

– L'armoise (artemisia) (*Artemisia vulgaris* L) (Astéracées)

C'est peut-être sa tige, de couleur rougeâtre, qui l'ont fait remarquée des partisans de la *Théorie des signatures*. Ceux-ci, l'ayant comparée à celle du sang, ont attribué à l'armoise des vertus emménagogues, une propriété que les médecins lui avaient d'ailleurs également reconnue. Ainsi, Lémery notait : « elle contient beaucoup de sel essentiel et d'huile à demi exaltée, peu de phlegme, assez de terre. Elle est détersive, vulnéraire, apéritive, hystérique, fortifiante ; elle excite les mois aux femmes ; elle aide à l'accouchement et fait sortir l'arrière-faix. Elle nettoie et fortifie la matrice ; elle abat les vapeurs ; on s'en sert intérieurement et extérieurement. » Geoffroy précise qu'elle déterge la matrice ; c'est pourquoi elle est d'un fréquent usage pour les femmes qui l'emploient, non seulement à l'intérieur, dans des décoctions, des bouillons et des boissons, mais encore extérieurement dans les bains et les lotions. Cazin note que l'armoise a des propriétés emménagogues et il rapporte qu'il a employé avec succès le suc d'armoise dans l'aménorrhée. Elle est traditionnellement indiquée pour traiter les règles douloureuses et stimuler l'appétit (Fleurentin, Bruneton, Morel, Schauenberg), mais les parties utilisées de la plante (feuilles et sommités fleuries) ne sont nullement de couleur rouge. La plante est inscrite dans la Pharmacopée française (2016) où il est précisé que ce sont les feuilles et les sommités fleurie qui sont les parties utilisées de la plante.

– Le cyclamen (cyclaminus) (*Cyclaminus europaeum auct* = *Cyclaminus purpurascens* Mill) (Primulacées) Cf aussi *infra* p. 151.

« Ses feuilles, écrit Lémery, sont de couleur verte-brune, marbrée de blanc en dessus, purpurines en dessous » tout comme ses petites fleurs ; et c'est probablement pour cette particularité qu'elle figure parmi les plantes porteuses de signatures. S'il note bien que sa racine est en usage en Médecine, il ne mentionne pas ses propriétés emménagogues parmi les nombreuses vertus qu'il lui attribue. Geoffroy en revanche signale que celle-ci est un violent purgatif : « son usage interne est peu sûr, note-t-il, car elle excite des inflammations à la gorge, à l'estomac, aux intestins et à l'anus. On fait plus d'usage de cette racine à l'extérieur et avec moins de danger… Si on frotte le ventre du suc de cette racine, il fait aller à la selle, évacue les eaux des hydropiques, fait revenir les règles, chasse quelquefois le fœtus et tue les vers. » Les propriétés de cette racine varient, selon Cazin, suivant qu'elle est verte ou sèche. « Verte, elle est purgative, vermifuge, emménagogue, résolutive. » Mais il précise que « la plupart des médecins modernes s'abstiennent de l'usage de ce médicament, qu'ils regardent comme dangereux. » Quant à la racine séchée, il note que « ses effets plus ou moins prononcés selon le degré de dessiccation m'ont éloigné de tout essai », car, ajoute-t-il, « il faut, autant que possible, en thérapeutique, une action sur laquelle on puisse compter. » Une remarque importante qui vaut pour bien d'autres cas. Le tubercule renferme une saponine cristallisée, la cyclamine. La fleur contient une huile essentielle aromatique (nérol, pharnésol, anthocyane). La plante n'est plus utilisée en médecine allopathique (Schauenberg et Paris). Elle est inscrite dans la Pharmacopée française (2016) dans la Liste B des plantes dont les effets indésirables potentiels sont supérieurs au bénéfice thérapeutique attendu où il est précisé que c'est la partie souterraine de la plante qui est concernée.

– Les différentes espèces de millepertuis désignées par les mots hypericum, ascyron androsaemon, coris (*Hypericum perforatum* L) (Guttiférées ou Clusiacées selon la classification classique ou Hypéricacées selon la classification phylogénétique).

« Ce ne sont pas ses fleurs jaunes, ni ses feuilles qui ont attiré l'attention des tenants de la *Théorie des signatures* mais « le suc rouge comme du sang » (Geoffroy) que l'on obtient quand on pile « les fleurs et les sommets remplis de graines. » Selon Lémery, « ses sommités fleuries sont souvent employées dans la Médecine. Elles teignent en rouge les huiles, l'esprit de vin et les autres liqueurs sulfureuses ; elles contiennent beaucoup d'huile balsamique et de sel essentiel. » Pour Geoffroy, « le millepertuis tient le premier rang parmi les plantes vulnéraires. C'est pourquoi son principal usage est pour mondifier et consolider les plaies et les ulcérations, soit internes, soit externes ; il guérit le crachement et le pissement de sang, il résout le sang grumelé ; il excite les règles et les urines et chasse les calculs et le gravier ; il tue les vers et on le recommande fort dans la passion hystérique, la mélancolie, la maladie hypochondriaque, la manie et l'aliénation de l'esprit. » Lémery confirme que « les fleurs sont apéritives, détersives, vulnéraires ; elles excitent l'urine et les mois aux femmes ». La couleur rouge du suc obtenu après pression exercée sur les feuilles et les fleurs est essentiellement due à la présence d'hypéricine et de pseudohypéricine. Le millepertuis est surtout connu aujourd'hui pour ses effets antidépresseurs et calmants par voie orale et pour ses effets antiinflammatoires, antioxydants et cicatrisants en application locale (Fleurentin). La recherche et l'analyse de ses nombreux composés est toutefois loin d'être achevée et fait aujourd'hui l'objet d'actives recherches en laboratoire ainsi que d'études cliniques.

La plante est inscrite dans la Pharmacopée française (2016) où il est précisé que c'est la sommité fleurie qui est la partie utilisée de la plante.

*

*   *

Si les différentes plantes citées ci-dessus, porteuses d'une signature chromatique rouge s'étaient vu attribuer, pour cette unique raison, par les tenants de la *Théorie des signatures*, des propriétés hémostatiques, vulnéraires ou emménagogues, on a pu remarquer que toutes ne sont pas reconnues aujourd'hui pour détenir de telles vertus. Et quand elles les possèdent, elles ne les doivent pas aux différents pigments qui colorent certaines de leurs parties en rouge, mais à des principes actifs qui ne sont aucunement présents dans ces pigments. Sinon, toutes les plantes qui contiennent ces derniers auraient de telles propriétés… ce qui n'est évidemment pas le cas ! De très nombreuses plantes - dont il serait fastidieux de faire l'inventaire ici - qui attirent l'attention par la couleur rouge de leurs fleurs ou de leurs fruits n'ont en effet aucune vertu thérapeutique.

2. La couleur jaune

La *Théorie des signatures* avait conduit à affirmer que de nombreuses plantes dont un des éléments était de couleur jaune avaient la propriété de stimuler les fonctions hépatiques ou de guérir les maladies provoquées par une sécrétion trop abondante de bile jaune, ou encore d'être diurétiques ou d'être efficaces pour traiter la rétention d'urine.

2.1. Le jaune et la bile

La bile jaune était considérée depuis Hippocrate comme l'une des quatre humeurs présentes dans le corps humain, - avec la bile noire, la pituite et le sang -. Elle pouvait être la cause de différentes affections. Pour les traiter, on avait sélectionné, dès l'Antiquité, un certain nombre de plantes qui avaient acquis la réputation de posséder des vertus curatives efficaces, car on leur avait attribué des propriétés cholagogues, c'est-à-dire qui favorisent l'évacuation de la bile présente dans la vésicule biliaire et/ou des propriétés cholérétique, c'est-à-dire qui stimulent la sécrétion de la bile par le foie. Parmi elles, les tenants de la *Théorie des signatures* avaient sélectionné celles dont un élément était de couleur jaune, une signature évidente de leurs propriétés curatives, notamment les suivantes auxquelles les médecins des *Temps modernes* prêtaient d'ailleurs souvent, eux aussi, de telles vertus :

– La grande chélidoine (chelidonium major) (*Chelidonium majus* L) (Papavéracées)

La couleur jaune est très présente dans cette plante, ce qui a certainement incité à y voir le signe de ses propriétés thérapeutiques. Geoffroy note que « ses racines sont remplies d'un suc d'un jaune foncé, âcre, que ses fleurs sont disposées en bouquet, composées de quatre pétales jaunes et que toute cette plante, en quelque endroit qu'on la coupe ou qu'on y fasse une incision, répand un suc âcre, piquant et un peu amer, de couleur de safran. » Quant à ses propriétés, elles sont loin d'être négligeables. « La grande chélidoine, écrit Geoffroy, prise intérieurement, lève les obstructions, excite les urines et les sueurs, guérit la cachexie et l'hydropisie, est fébrifuge et particulièrement destinée à la jaunisse. » Lémery complète cette appréciation en précisant que « la grande chélidoine est détersive, incisive, dessicative, résolutive ; elle lâche le ventre, elle excite l'urine, elle aiguise la vue, elle est propre pour l'obstruction de la rate, du foie, des uretères. Sa racine est estimée bonne pour résister au venin ; on se sert du suc de chélidoine pour effacer les verrues, les dartres, la grattelle, étant appliquée extérieurement. » Elle était utilisée pour traiter la jaunisse et, en application, comme remède contre les verrues pour un médecin populaire dans plusieurs provinces de France (Amir). Cazin attire l'attention sur sa toxicité et note qu'à dose thérapeutique, elle est excitante, diurétique et purgative. De nos jours, compte tenu de sa toxicité - due notamment aux alcaloïdes contenus dans son latex jaune orangé -, on ne doit l'utiliser qu'en dilution comme antispasmodique, et analgésique spécifique de la vésicule biliaire (Morel). La plante est inscrite dans la

Pharmacopée française (2016) où il est précisé que c'est la partie aérienne de la plante qui en est la partie utilisée.

– Le citron (citrius) (*Citrus medica* L var *limonum* Risso) (Rutacées)

Il n'aura échappé à personne que le citron est jaune...! Une signature aisée à remarquer qui indiquerait qu'il possède des vertus pour soigner les affections hépatiques. C'est plus précisément à son suc qu'elles étaient attribuées aux Temps modernes. « Il tempère l'ardeur d'une bile trop exaltée », écrit Chomel. Et pour Lémery « il est cordial, rafraîchissant, propre pour calmer les ardeurs du sang, pour précipiter la bile, pour désaltérer, pour résister au venin ». Geoffroy complète cette liste en précisant que « le suc de citron arrête les vomissements qui sont excités par les humeurs bilieuses » et qu'il « dissipe les langueurs excitées par la bile jaune et la bile noire ». Cazin rappelle que la limonade convient notamment dans les embarras gastriques de caractère bilieux, les nausées, les dégoûts, les vomissements, l'ictère, les irritations hépatiques, les fièvres bilieuses. De nos jours, c'est principalement l'huile essentielle, obtenue par expression de l'écorce, qui est utilisée à laquelle on reconnaît notamment des propriétés d'hépatoprotection (Morel).

– Le curcuma (curry ou « saffran des Indes ») (*Curcuma domestica* Val = *Curcuma longa* L.) (Zingibéracées)

La fleur de curcuma est jaune, mais c'est à son rhizome que l'on prêtait des vertus thérapeutiques. Lémery note que l'on emploie la racine pour teindre en jaune. « Elle est apéritive, détersive, propre pour lever les obstructions du foie, de la rate, pour exciter l'urine et les mois aux femmes, pour la jaunisse, pour la pierre, pour la néphrétique, étant prise en poudre ou en décoction. » Le curcuma est traditionnellement utilisé comme cholérétique ou cholagogue dans les troubles fonctionnels digestifs attribués à une origine hépatique et pour stimuler l'appétit (Bruneton). On lui reconnaît aussi des effets pour diminuer le taux de cholestérol et de triglycérides, aussi comme anti-inflammatoire et antiulcéreux (Fleurentin). De telles propriétés sont toutefois aujourd'hui contestées. La plante est inscrite dans la Pharmacopée française (2016) où il est précisé que c'est le rhizome qui est la partie utilisée.

– Le houblon (lupulus) (*Humulus lupulus* L.) (Cannabacées)

La couleur jaune est présente dans le houblon ; encore ne s'agit-il que d'un jaune pâle, et donc d'une signature bien discrète. « C'est l'espèce femelle, écrit Geoffroy, qui porte les fruits qui sont comme des pommes de pin, composés de plusieurs écailles membraneuses, peu serrées, de couleur pâle ou d'un vert jaune. » Selon Lémery, « les feuilles et les sommités tendres du houblon sont employées en décoction pour les maladies du foie, de la rate, pour purifier le sang, pour exciter l'urine, pour la gravelle. Les fleurs sont amères, propres pour atténuer les humeurs grossières de la rate, du foie, des hypocondres, pour fortifier les parties dans les contusions, pour résoudre les tumeurs. » Chomel classe le houblon parmi les plantes hépatiques, car elle est, selon lui, « très utile dans les obstructions du foie et de la rate ». De telles propriétés ne sont pas confirmées aujourd'hui et le houblon est d'ailleurs assez peu employé à des fins thérapeutiques. La plante est inscrite dans la Pharmacopée française (2016) où il est précisé que c'est l'inflorescence femelle dite « cône de houblon » qui en est la partie utilisée.

– La patience (lapathum) (*Rumex* L) (notamment *Rumex obtusifolius* L, *Rumex crispus* L) (Pollygonacées)

Parmi les différentes espèces de lapathum recensées, c'est la patience sauvage (lapathum sylvestre) qui semble avoir été distinguée par les tenants de la *Théorie des signatures*. Ce ne sont pas les fleurs, mais la racine, blanche en dehors alors qu'elle est jaune safran en dedans, qui porte la signature de ses propriétés à traiter les affections hépatiques. Lémery note que « la racine de patience est laxative et apéritive ; on s'en sert dans l'hydropisie, dans les pâles couleurs appelées jaunisse, et dans les autres maladies qui viennent d'obstruction. On l'emploie en tisane ; on s'en sert extérieurement pour les dartres, pour la grattelle ; elle donne une teinture jaune dans laquelle on la fait bouillir. » Cette espèce de patience ne semble plus guère utilisée aujourd'hui. C'est une autre espèce de patience (*Rumex patientia* L) qui est inscrite dans la Pharmacopée française (2016) où il est précisé que c'est la racine de la plante qui en est la partie utilisée.

– Le souci (caltha) (*Calendula arvensis* L) (Astéracées) Cf aussi *infra* p. 171.

C'est la couleur dorée de ses fleurs qui ont incité à voir dans le souci une plante portant la signature de ses propriétés à guérir les affections hépatiques.

Mais celles-ci sont également reconnues par les médecins des *Temps modernes*.

« Les soucis, écrit Geoffroy, sont apéritifs et résolutifs ; ils lèvent les obstructions du foie, de la rate et de la matrice ; ils guérissent la jaunisse. » Cazin note que « la médecine moderne fait à peine usage du souci », mais que « les gens de la campagne lui accordent par tradition mille propriétés plus merveilleuses les unes que les autres ». Il rapporte toutefois que la décoction de fleurs fraîches de souci et de genet a été employée avec succès contre l'hydropisie, la jaunisse et les engorgements des viscères abdominaux et il ajoute qu'il l'a fréquemment employé dans ces cas, et que, presque toujours, il a eu à s'en louer. On reconnaît aujourd'hui au souci des effets anti-inflammatoires, antibactériens et cicatrisants (Fleurentin, Morel), mais la toxicité aiguë non négligeable des extraits conduit à réserver l'usage des préparations à base de souci au seul usage local comme cicatrisant (petites plaies, affections dermatologiques) (Bruneton). La plante est inscrite dans la Pharmacopée française (2016) où il est précisé que les capitules et les fleurs sont les parties utilisées de la plante.

2.2. Le jaune et l'urologie

Les plantes aux propriétés diurétiques sont d'autant plus recherchées aux Temps Modernes que l'examen des urines revêt alors une grande importance pour les médecins car elle leur est particulièrement utile pour diagnostiquer certaines affections. Ils se livrent en effet à une comparaison d'un échantillon d'urine prélevé sur leur patient et recueilli dans un urinal avec ceux qui sont figurés sur la « roue des urines » (une sorte de mémento illustré) pour l'interpréter, tout en complétant ce premier test en la sentant et en la goûtant. Ainsi, par exemple, il pouvait diagnostiquer qu'une urine sucrée révélait un diabète, une urine ensanglantée, une tumeur des voies urinaires, une urine rouge et mousseuse, une néphropathie…! Au XVIIe siècle, l'urine est définie comme « une sérosité saline, de couleur citron, séparée de la masse du sang dans les reins, conduite à la vessie par les uretères et poussée de temps en temps au-dehors par le canal de l'urètre. On distingue souvent dans l'urine trois sortes de substances différemment placées, le *nuage*, qui se tient à la superficie, l'énéorême qui nage dans le milieu, et l'hypostase ou sédiment qui se précipite au fond. L'urine contient un sel ammoniac dont le sel volatil alkali se sépare facilement par la fermentation. » (Col de Vilars)

Parmi les plantes diurétiques perçues comme porteuses de signatures, qui signalent leurs propriétés par un de leurs éléments de couleur jaune, et parfois aussi par une tige creuse - consécutive à la disparition progressive de la moelle qui y était présente au cours de la croissance de la plante -, on peut citer les suivantes :

– L'alkékenge (*Physalis alkekengi* L) (Solanacées) Cf aussi *infra* p. 154.

C'est à un double titre que cette plante porterait la signature de ses propriétés diurétiques ; en effet, ses graines sont de couleur jaune et le calice de sa fleur prend en s'accroissant après la fécondation, l'aspect d'une vessie nervurée, verte au début, puis rouge écarlate, entourant le fruit qui est une baie rouge. « Les fruits de l'alkékenge, écrit Geoffroy, sont très usités pour exciter l'urine, pour en adoucir l'acrimonie et pour faire sortir les graviers des reins et de la vessie. On les recommande aussi pour la jaunisse… On vante la décoction de ces fruits pour la dysurie. » Chomel classe l'alkékenge parmi les plantes apéritives et diurétiques. Cazin note que ces baies lui ont été très utiles, pour être à la fois diurétiques et anodines. « Dans ces cas, écrit-il, je les ai fait prendre en décoction. Elles déterminent un flux abondant d'urines sans trop stimuler les organes. » L'alkékenge est toujours recommandée pour ses propriétés diurétiques et les insuffisances rénales (Morel), mais n'est plus guère employée qu'en homéopathie (Schauenberg et Paris). La plante est inscrite dans la Pharmacopée française (2016) où il est précisé que le fruit est la partie utilisée de la plante.

– L'aneth (anethum) (*Anethum graveolens* L) (Apiacées)

« Ses fleurs, écrit Geoffroy, naissent à l'extrémité de la tige, en parasol ; elles sont composées de cinq pétales jaunes. Leur calice se change en deux graines d'un jaune pâle. » La présence de cette couleur n'évoquerait-elle pas celle de l'urine ? et ne faudrait-il pas en déduire que l'aneth a des propriétés diurétiques ? C'est ce qu'affirment ceux qui adhèrent à la *Théorie des signatures*.

Lémery et Geoffroy confirment leur dire : « On ne se sert guère que de sa semence, note le premier. Elle chasse les vents, elle excite l'urine, elle adoucit le hoquet ; elle provoque le lait aux nourrices. Elle aide à la digestion. » On lui prête encore aujourd'hui la propriété de faciliter l'élimination rénale d'eau (Bruneton). La plante est inscrite dans la Pharmacopée française (2016) où il est précisé que le fruit est la partie utilisée de la plante.

– La criste marine (crithamon, ou crithmum ou batis ou bacile ou perce pierre ou passe pierre) (*Crithmum maritimum* L) (Apiacées) Cf aussi *infra* p. 156.

« Il y en a deux espèces, rapporte Lémery, mais ce sont les fleurs de la seconde qui sont disposées en ombelles jaunâtres. Elles contiennent beaucoup de sel, d'huile et du phlegme. Elles sont apéritives, et particulièrement la grande, propres pour la gravelle, pour atténuer la pierre du rein et de la vessie, pour exciter l'urine et les mois aux femmes. » Chomel classe le passe-pierre ou fenouil marin parmi les plantes apéritives et diurétiques. Cazin remarque « qu'on fait grand usage du perce-pierre dans les cantons maritimes. Il est reconnu comme diurétique et antiscorbutique bien qu'il soit à peine connu comme médicament. » C'est uniquement pour leurs effets diurétiques que les feuilles sont encore employées localement de nos jours

(Garnier). La plante est inscrite dans la Pharmacopée française (2016) où il est précisé que la partie aérienne est la partie utilisée de la plante.

– Le fenouil, (foeniculum sativum et sylvestris) (*Foeniculum vulgare* Miller) (Apiacées)

« Au sommet des tiges et des rameaux, écrit Geoffroy, sont de grands parasols arrondis, dont les fleurs sont en rose, à cinq pétales jaunes, odorants… Cette plante est apéritive, diurétique, sudorifique, stomachique, stomachique, pectorale et fébrifuge. » Chomel classe le fenouil parmi les plantes apéritives et diurétiques. Cazin confirme que la racine est mise au nombre des racines diurétiques. Elle est toujours considérée comme efficace pour favoriser les éliminations rénales et digestives (Bruneton). Les effets diurétiques des racines et antispasmodiques des graines sont aujourd'hui validés (Fleurentin). La plante est inscrite dans la Pharmacopée française (2016) où il est précisé que la partie souterraine est la partie utilisée de la plante.

– Le genêt (genista) (*Spartium scoparium* L = *Cytisus scoparius* (L) Link) (Fabacées) Cf aussi *infra* p. 158.

Le genet peut évoquer l'urine à la fois par la couleur de ses fleurs et la forme de ses graines. Geoffroy note en effet que « ses fleurs sont d'une belle couleur jaune, légumineuses, garnies d'étamines recourbées, surmontées de sommets jaunes et que ses graines sont en forme de rein. » Et d'ajouter que « les feuilles, les rameaux et les sommités bouillies dans du vin ou dans de l'eau ou leur suc, sont utiles pour les hydropiques, et pour toutes les obstructions des reins et de la vessie, car elles purgent les humeurs séreuses, en partie par les selles, en partie par les urines. » Lémery précise de son côté que « sa fleur et sa semence sont en usage dans la Médecine ; elles contiennent beaucoup d'huile et de sel essentiels. Elles sont apéritives, propres pour la pierre, pour la gravelle, pour les obstructions de la rate, pour les scrofules, pour exciter l'urine. » Les fleurs du genêt à balais entrent de nos jours dans la composition de phytomédicaments pour faciliter les fonctions d'élimination digestives et pour favoriser l'élimination rénale d'eau (Bruneton). La plante est inscrite dans la Pharmacopée française (2016) où il est précisé que la fleur est la partie utilisée de la plante et que tous les organes sont toxiques sauf les fleurs.

– L'inule (conyza) (*Dittrichia* W. Greuter spp) (Asteracées)

Cette plante est peu souvent mentionnée dans les ouvrages de *Matière Médicale*. Lémery lui accorde toutefois une notice. Il y remarque que « les fleurs de la conise sont des bouquets à fleurons évasés en étoile par le haut, jaunes, d'une odeur forte ; que la plante contient beaucoup d'huile exaltée et du sel volatil, peu de phlegme. Elle excite l'urine et les mois aux femmes ; elle chasse les vents ; elle résiste à la corruption, prise intérieurement ; on s'en sert aussi extérieurement pour la gale et pour faire mourir ou chasser les puces et les moucherons. » Cazin note que cette plante à laquelle on prêtait autrefois de nombreuses propriétés est déjà à son époque totalement inusitée.

– Le pissenlit (hieracium, dens leonis) (*Taraxacum officinale* L) (Astéracées) Cf aussi *infra* p. 213.

Cette plante été perçue comme diurétique selon la *Théorie des signatures*, à la fois parce que ses fleurs étaient de couleur jaune comme celle de l'urine et aussi parce que les pédicules qui les soutiennent étaient creux, ce qui les rendait aisément comparables aux canaux urinaires. Il porte donc une double signature, chromatique et morphologique.

« Le pissenlit, note Geoffroy, lève les obstructions du foie et des viscères ; il excite les urines, il passe pour vulnéraire et fébrifuge. » Chomel classe le pissenlit parmi les plantes apéritives et diurétiques. Cazin reconnaît que « cette plante, autrefois très en usage, a été trop oubliée de nos jours, excepté dans la médecine populaire. Il en est du pissenlit comme de la patience chez nos campagnards ; ils le mettent dans toutes les tisanes et l'emploient dans toutes les maladies. » Il lui accorde toutefois d'être tonique, diurétique antiscorbutique et dépuratif. Ses effets diurétiques et cholériques seraient aujourd'hui démontrés (Fleurentin). La plante est inscrite dans la Pharmacopée française (2016) où il est précisé que la feuille et la partie aérienne sont les parties utilisées de la plante.

*

* *

La couleur jaune signalerait, selon la *Théorie des signatures*, que les plantes chez lesquelles elle est présente, posséderaient des propriétés thérapeutiques efficaces pour soigner les affections causées par un dérèglement du fonctionnement du foie ou des reins, voire de la vessie. Mais cette signature chromatique apparaît insuffisamment précise pour distinguer la plante aux vertus diurétiques de celle qui est cholagogue ou cholérique. Aucun auteur n'explique en effet, pourquoi une plante qui donne des fleurs jaunes, par exemple, a des propriétés diurétiques plutôt que cholagogues ou l'inverse.

On aura remarqué par ailleurs que certaines des plantes citées ci-dessus ne possèdent en fait aucune de ces propriétés. Ce qui ne saurait surprendre, car ce sont des principes actifs différents qui interviennent dans le traitement des affections du foie, des reins ou de la vessie. Lorsque certaines de ces plantes se signalent par une signature chromatique jaune, on ne peut donc guère que constater une simple coïncidence entre la présence de la couleur jaune chez elles et leurs propriétés, mais aucunement y reconnaître un cas où s'appliquerait la *Théorie des signatures* et en tirer argument pour prouver la pertinence de celle-ci… qui peut toutefois trouver encore ici une certaine utilité comme moyen mnémotechnique.

3. Le Blanc

On remarquera qu'il n'existe pas de fleurs parfaitement blanches, c'est-à-dire qui n'absorbent aucune longueur d'onde de la lumière. Si elles paraissent blanches, elles présentent en fait des nuances crème, car elles contiennent des traces de différents pigments qui absorbent dans l'ultraviolet et partiellement dans le violet afin de protéger les anthocyanes. Selon la *Théorie des signatures*, les plantes dont un élément est de couleur blanche possèdent de nombreuses propriétés, et notamment celle d'être efficaces pour expulser la pituite ainsi que les humeurs séreuses, d'être galactogènes, d'augmenter la sécrétion de sperme et par suite de faciliter la procréation. Ce peut être la fleur, l'écorce, la racine, la graine, mais surtout le latex ou la résine que secrète la plante.

Les Anciens ne faisaient pas de différence entre latex et résine. Elle est pourtant loin d'être négligeable. Le latex parfois appelé *lait végétal* est une substance liquide, à consistance plus ou moins épaisse, généralement blanche, mais parfois transparente ou colorée, souvent collante et qui se coagule. Sa composition est complexe, et contient notamment des protéines et des alcaloïdes divers. Il a pour fonction d'empêcher la croissance des champignons et des bactéries et il interdit l'entrée d'organismes pathogènes au niveau des blessures. Certains latex peuvent être très toxiques, très irritants et caustiques pour les muqueuses.

Le latex, qui est différent de la sève, circule dans un réseau distinct de vaisseaux : les canaux laticifères.

Quant aux résines végétales, ce sont des substances naturelles sécrétées par certains végétaux. Elles ont l'aspect d'un liquide poisseux qui sèche plus ou moins rapidement au contact de l'air. Elles sont souvent fortement odorantes. Les résines sont excrétées hors des cellules végétales dans des canaux résinifères ou à l'extérieur de la plante. Elles se différencient des latex qui se maintiennent à l'intérieur des parois cellulaires et qui ne s'échappent qu'en cas de blessure de la plante et forment en séchant une barrière protectrice.

3.1. Le blanc et la pituite

La pituite, appelée aussi phlegme ou flegme, est « une humeur aqueuse, lymphatique, visqueuse qui existe dans le corps de l'homme et des animaux et qui est fournie par les aliments humides et le pituiteux est celui en qui la pituite domine, soit par tempérament, soit par maladie. » (Col de Vilars). Selon la théorie hippocratique des humeurs, la pituite qui est une des quatre humeurs fondamentales, est froide et humide ; elle est rattachée au cerveau et le tempérament pituiteux ou lymphatique ou flegmatique, est attribué aux personnes froides et tranquilles qui dominent leurs émotions. La glande pituitaire (ancienne dénomination de l'hypophyse) était considérée comme le filtre de cette humidité qui, croyait-on, pouvait s'écouler par le nez lors d'un rhume, toujours appelé populairement « rhume de cerveau ». De nombreuses maladies chroniques s'expliquaient alors comme des dépôts de pituite en différents endroits du corps, en particulier dans les articulations. Certaines tuméfactions ou certains abcès froids étaient aussi censés avoir pour cause ces dépôts de pituite. Les troubles d'écoulements de pituite pouvaient également expliquer des maladies comme la migraine, l'épilepsie, la sciatique ou encore les hémorroïdes... Ce terme médical ancien, qui n'est plus guère utilisé depuis le milieu du XXe siècle, désigne, à l'époque moderne, un liquide aqueux, d'aspect glaireux, composé de salive et de mucosités œsophagiennes qui s'accumule la nuit dans l'estomac et est recraché le matin à jeun, par expectoration ou par régurgitation.

Parmi les plantes qui présentent un élément de couleur blanche et qui avaient la réputation de chasser la pituite, nous avons retenu :

– Le daphné (daphnoidus) laurier des bois (*Daphné laureola* L) (Thymeléacées)

C'est peut-être l'écorce blanchâtre de cet arbrisseau qui a attiré l'attention des tenants de la *Théorie des signatures* et les a conduits à l'interpréter comme une signature.

Selon Lémery, il y en a deux espèces « qui contiennent beaucoup d'huile et de sel fort âcre, essentiel et fixe. Leurs feuilles, leurs fruits, leurs écorces purgent violemment la pituite et les sérosités ; on les fait prendre en poudre ou en infusion. » Cazin note que les daphnés sont des poisons irritants. La plante n'est plus guère utilisée aujourd'hui. Elle est inscrite dans la Pharmacopée française (2016) dans la Liste B des plantes dont les effets indésirables potentiels sont supérieurs au bénéfice thérapeutique attendu où il est précisé que ce sont l'écorce et le fruit qui sont les parties utilisées de la plante qui sont concernées.

– L'euphorbe ésule (esula) (*Euphorbia esula* L), euphorbe-pin (pityusa) (*Euphorbia pityusa* L, (Euphorbiacée) cf aussi d'autres euphorbes p. 118 et p. 122.

Geoffroy ne manque pas de signaler la grande confusion qui règne alors pour distinguer les différentes espèces d'euphorbe. Il faut reconnaître qu'il existe au moins deux milles espèces d'euphorbe ! dont au moins une quinzaine a été utilisée comme plante médicinale. « Les Apothicaires des différents pays, écrit-il, ont coutume de donner différentes plantes sous le nom d'*Esule*, et ils choisissent celle qui est la plus commune parmi eux. Les uns emploient la racine de la petite ésule ; d'autres celles de la grande ésule ; d'autres se servent de celles du Tithymale des marais ; et quelques-uns des racines du réveil-matin selon le soleil. »

Il précise plus loin « Tous les genres de tithymale sont fort purgatifs et surtout leur suc laiteux, pris même en petite quantité ; c'est pourquoi il est rare qu'on le prenne sans qu'il cause de mal. La racine de la petite ésule purge fortement la pituite par les selles ; mais elle trouble l'estomac et cause des inflammations internes dans les viscères. Car si on avale un peu de cette écorce, elle laisse une impression de feu dans la gorge, dans l'œsophage, et dans l'estomac même. C'est pour cela que les médecins prudents ont coutume de s'en abstenir, ou du moins ils ne la donnent qu'après l'avoir adoucie ou tempérée de quelque façon. » Lémery apporte quelques compléments d'information : « On se sert en Médecine de l'écorce de la racine (de la petite ésule) ; on nous l'apporte sèche du Languedoc et de la Provence. Elle purge violemment par les selles, la pituite, les sérosités et l'humeur mélancolique ; elle est propre pour l'hydropisie, pour la léthargie, pour la frénésie et pour les autres maladies produites par les humeurs grossières. » Chomel classe l'euphorbe parmi les plantes errhines, c'est-à-dire « des médicaments âcres qui irritent et picotent la membrane pituitaire et qui font exprimer par ces irritations une grande quantité de pituite. » (Col deVilars). Eu égard à sa toxicité, la plante n'est plus utilisée aujourd'hui. Toutes les euphorbes (sauf *Euphorbia hirta* L) sont inscrites dans la Pharmacopée française (2016) dans la Liste B des plantes dont les effets indésirables potentiels sont supérieurs au bénéfice thérapeutique attendu où il est précisé que c'est la plante entière qui est concernée.

3.2. Le blanc et les humeurs

Selon les médecins convaincus par la *Théorie des signatures*, les plantes dont un de leurs éléments est de couleur blanche auraient la propriété d'expulser les humeurs séreuses du corps. Il ne s'agit pas ici de l'une des quatre humeurs de la médecine hippocratique, mais d'une substance liquide de teinte claire, qui a fait l'objet d'un grand nombre de classifications, comme, par exemple, selon leurs caractéristiques physiques et chimiques ou selon leurs destinations (en humeurs alimentaires, excrémentielles, récrémentielles). On en trouve une description détaillée dans certains Dictionnaires de Médecine ou de Matière Médicale (comme par exemple celui de Nicolas Philibert Adelon et all., 1782 -1862). Elles sont secrétées par les membranes séreuses ; elles forment notamment le liquide des hydropisies et sont présentes dans les œdèmes.

– La bryone, vigne blanche (vitis alba) (*Bryonia dioica* Jacq) (Cucurbitacées)

Lémery note qu'il en existe deux espèces. « Les feuilles de la première, écrit-il, sont blanchâtres ; ses fleurs sont petites, blanches, disposées en grappe ; ses racines sont longues, plus grosses que la cuisse d'un enfant, blanches, jaunâtres, charnues pleines de suc, d'un goût âcre et amer. » La seconde espèce ne diffère de la première que par la couleur de ses baies qui sont noires et non rouges. Seules leurs racines sont d'usage en Médecine. « Elles purgent les sérosités par le ventre et par les urines ; elles lèvent les obstructions ; elles excitent les mois aux femmes. Elles poussent l'arrière-faix après l'accouchement ; elles sont propres pour l'asthme, pour l'hydropisie. Il arrive à quelques-uns qu'étant appliquée, râpée et échauffée en forme de cataplasme sur l'estomac et sur le bas-ventre, elle les purge complètement, comme s'ils en avaient avalé. » Chomel classe la bryone parmi les plantes purgatives. La racine est un purgatif drastique qui, aux plus faibles doses, provoque de violentes diarrhées (Schauenberg et Paris) ; elle a été utilisée autrefois comme abortif. La bryone est inscrite dans la Pharmacopée française (2016) dans la Liste B des plantes dont les effets indésirables potentiels sont supérieurs au bénéfice thérapeutique attendu et il y est précisé que c'est la partie souterraine qui est concernée.

– L'euphorbe épurge (lathyris) (*Euphorbia lathyris* L) (Euphorbiacées)

« Toute la plante, note Lémery, jette un suc laiteux ; les grains et les feuilles évacuent les humeurs violemment par haut et par bas ; on peut s'en servir dans l'hydropisie, car ils purgent particulièrement les sérosités. Le suc est un dépilatoire si on en humecte les parties velues. » Les euphorbes secrètent en effet un latex irritant et sont connues pour leurs propriétés purgatives violentes (Bruneton). L'épurge est considérée aujourd'hui comme une plante toxique et n'est donc plus utilisée comme plante médicinale. Toutes les euphorbes (sauf *Euphorbia hirta* L) sont inscrites dans la Pharmacopée française (2016) dans la Liste B des plantes dont les effets indésirables potentiels sont supérieurs au bénéfice thérapeutique attendu où il est précisé que c'est la plante entière qui est concernée.

– L'hièble ou sureau (sambucus ebulus) (*Sambucus ebulus* L) (Caprifoliacées)

C'est probablement à la couleur blanche de la moelle qui remplit ses rameaux et peut-être à celle de ses fleurs qui sont blanches que le sureau se doit de figurer parmi les plantes porteuses de signatures aux vertus fortement purgatives. Lémery note que « le tronc de cet arbre est couvert d'une écorce rude, crevassée, de couleur cendrée ; sous cette écorce extérieure, il s'en trouve une seconde verte qui est en usage en Médecine. Elle est purgative ; elle purge les sérosités, étant prise en infusion ou en décoction : celle qu'on retire de sa racine est estimée la meilleure. Ses fleurs sont cordiales, carminatives, résolutives, hystériques, sudorifiques, anodines. Ses baies sont propres pour la dysenterie, étant prises intérieurement. » Cazin confirme que l'hièble est un purgatif drastique et il ajoute cette remarque pertinente : « la plupart des auteurs ont avancé que dans l'hièble, chaque partie de la plante jouit de vertus différentes. C'est là une de ces erreurs, comme tant d'autres, que l'observation et l'expérience détruisent chaque jour. Chaque partie de la plante a une activité plus ou moins grande selon que les principes qu'elle contient sont plus ou moins rapprochés… L'hièble est une plante dont on n'a pas assez étudié l'action au lit du malade. Chaque auteur a répété ce que ses prédécesseurs avaient eux-mêmes copié ». L'hièble est toutefois inscrite dans la Pharmacopée française (2016) dans la Liste B des plantes dont les effets indésirables potentiels sont supérieurs au bénéfice thérapeutique attendu et il y est précisé que c'est le fruit qui est concerné.

– Le ricin (ricinus) (*Ricinus communis* L) (Euphorbiacées)

Sa racine est blanche, mais ce sont surtout les graines qui pourraient avoir suggéré aux adeptes de la *Théorie des signatures* que la plante possédait des propriétés thérapeutiques en relation avec la couleur blanche, et notamment celle de chasser les humeurs séreuses.

En effet, « chacun de ses fruits, écrit Lémery, est à trois côtes arrondie et composé de trois capsules qui renferment chacune sa semence ovale ou oblongue, assez grosse, de couleur livide et tachée en dehors, remplie d'une moelle blanche et tendre. »

Lémery note que « les grains de ricin sont employés en Médecine. Ils contiennent beaucoup d'huile et de sel essentiels. Ils purgent violemment toutes les humeurs. On en tire une huile qui purge pourvu seulement qu'on en frotte l'estomac et le bas-ventre ; elle tue les vers ; elle guérit la grattelle ; elle déterge les ulcères ; elle apaise les suffocations de la matrice. » Cazin rapporte « qu'il emploie lui-même une émulsion de graines de ricin depuis plusieurs années, avec des résultats constants, comme purgatif à la fois agréable et économique ». L'huile n'est plus en usage aujourd'hui. Le ricin est inscrit dans la Pharmacopée française (2016) dans la Liste B des plantes dont les effets indésirables potentiels sont supérieurs au bénéfice thérapeutique attendu où il est précisé que c'est la graine qui est concernée.

3.3. Le blanc et le lait

Certaines plantes, qui présentent un de leurs éléments de couleur blanche, proche de celle du lait, sont évidemment présentes dans la *Flore médicale des signatures* pour avoir la propriété de faire venir le lait aux femmes qui les consomment. Ce sont, entre autres :

– Le laiteron (sonchus) (*Sonchus oleraceus* L) (Astéracées)

Selon Lémery, il en existe deux espèces, le laiteron doux et le laiteron épineux. Celui-ci précise que « la première rend du lait quand on l'écrase et que les deux espèces sont humectantes, rafraîchissantes, adoucissantes, apéritives ; et qu'on s'en sert pour les inflammations du foie, de l'estomac, de la poitrine, pour purifier le sang, pour augmenter le lait aux nourrices, étant prises en décoction. » Cazin note que le laiteron est inusité à son époque, « mais, écrit-il, on croit communément dans nos campagnes qu'il active la sécrétion lactée chez les bestiaux. » Il n'est pas davantage employé aujourd'hui.

– La laitue (lactuca) (*Lactuca* L) (Astéracées) Cf aussi *infra* p. 208.

Geoffroy rappelle que cette plante doit son nom *lactuca* au suc laiteux qu'elle répand quand on la rompt et qu'il en existe de nombreuses espèces dont trois principales sont d'un usage fréquent soit dans les aliments, soit dans les remèdes : la laitue qui n'est point pommée, la laitue pommée et la laitue romaine. Il leur consacre une longue notice dans laquelle il précise notamment que « la laitue augment le lait des nourrices en qui il manque ou il est diminué par l'épaississement ou la chaleur des sucs. » De son côté, Lémery indique que « leurs feuilles sont grandes, replissées, tendres, blanchâtres, empreintes d'un suc laiteux doux et agréable au goût quand elle est jeune. » « Toutes les laitues, ajoute-t-il, contiennent beaucoup de phlegme, assez d'huile, peu de sel et de terre. On se sert en Médecine de leurs feuilles et de leurs semences. Elles humectent, elles rafraîchissent en calmant le trop grand mouvement des humeurs ; elles adoucissent l'âcreté du sang ; elles concilient le sommeil, elles augmentent le lait aux nourrices ; elles entretiennent la liberté du ventre. On les prend en substance ou en décoction ; on s'en sert aussi extérieurement en frontal, en fomentation, dans les onguents, pour modérer les inflammations et les douleurs. » Les propriétés galactogènes des laitues n'ont pas été validées à ce jour. La laitue vireuse est inscrite dans la Pharmacopée française (2016) où il est précisé que c'est la feuille et le suc épaissi, dit lactucarium, qui sont les parties utilisées de la plante.

3.4. Le blanc, le sperme et la procréation

Quelques plantes ayant un de leurs éléments de couleur blanche passaient pour provoquer la production de sperme, ou le coaguler et inhiber les désirs sexuels. Telles, par exemple :

– Le chanvre (cannabis) (*Cannabis sativa* L) (Cannabinacées)

Le chanvre figure au nombre des plantes qui étaient censées avoir la propriété de coaguler le sperme et de le rendre ainsi impropre à la procréation.

« On distingue cette plante en deux espèces, écrit Lémery, en mâle et en femelle, ou en féconde et en stérile. » Il remarque que « les chanvres contiennent beaucoup d'huile et peu de sel, et que les racines sont simples, ligneuses, blanches. Ils sont propres pour la brûlure, pour le bourdonnement d'oreille, pour tuer les vers ; sa semence est estimée propre pour ralentir les ardeurs de Vénus, étant prise plusieurs jours de suite ; elle apaise aussi la toux. » Les propriétés anaphrodisiaques du chanvre ne sont pas actuellement démontrées.

– L'euphorbe (tithymalus) (différentes espèces du genre *Euphorbia* L, notamment *Euphorbia lathyris* L ou épurge et *Euphorbia heliscopia* L ou euphorbe réveille matin) (Euphorbiacées). Cf aussi p. 116 (esule) et 118 (épurge).

Si Porta rapporte que le suc blanc de l'euphorbe excite les hommes et les porte à faire l'amour, cette affirmation est loin de faire l'unanimité. Ainsi, pour Matthiole au contraire le *tithymalus* commun est « fort véhément à évacuer les phlegmes et dessèche tellement le corps qu'il amortit le sperme génératif. Aussi l'appelle-t-on *Médecine des paysans.* » Les euphorbes sont connues pour leur latex irritant et leurs propriétés purgatives violentes, pour leur capacité à induire des conjonctivites graves. (Bruneton). Les euphorbes (sauf *E. hirta*) sont inscrites dans la Pharmacopée française (2016) (liste B des plantes médicinales utilisées traditionnellement en l'état ou sous forme de préparation dont les effets indésirables potentiels sont supérieurs au bénéfice thérapeutique attendu avec indication de la plante entière comme partie utilisée de la plante).

– Les pignons de pins (pinei nuclei) (*Pinus pinea* L) (Pinacées)

Lémery note que « pour les retirer des pommes de pin, on échauffe ces pommes dans les fours, elles s'ouvrent et on en sépare les coques, lesquelles on casse afin d'en avoir les amandes. 0n doit les choisir récentes, assez grosses, nettes, blanches, tendres, d'un bon goût doux. Les pignons sont pectoraux, restaurants ; ils adoucissent l'acrimonie des humeurs ; ils excitent les urines et la semence ; ils mondifient les ulcères du rein ; ils résolvent, ils meurissent, ils amollissent ; on s'en sert intérieurement et extérieurement. » Les propriétés spermatogènes des pignons de pin semblent ignorées de nos jours, à supposer qu'elles aient jamais existées.

– Le souchet rond ou souchet sultan (thrasus) (*Cyperus rotundus* L) (Cyperacées) Cf aussi *supra* p. 187.

Ce sont les rhizomes dont l'intérieur est blanc qui ont peut-être justifié la présence du souchet sultan ou souchet rond parmi les plantes médicinales porteuses de signatures.

Lémery note que « les racines du souchet sultan (*trasi*) sont des fibres menues, auxquelles sont attachés des tubercules charnus, gros comme des nèfles, couverts d'une écorce assez rude, jaunâtre ou rousse, ayant la chair blanche, ferme, d'un goût doux. Sa racine est en usage en Médecine ; elle est pectorale, humectante, adoucissante, résolutive, propre pour la dysenterie, pour les ardeurs d'urine, pour exciter la semence, étant mangée ou prise en décoction. » Cazin remarque que « la médecine moderne s'en sert rarement, parce qu'elle a sous la main une foule de substances toniques dont l'action est mieux connue. »

3.5. Le blanc et le venin

Différentes plantes ayant un de leurs éléments de couleur blanche qui pouvait être comparée à celle du venin de certains animaux vénéneux figurent pour cette raison dans la *Flore médicale des signatures*, où elles étaient mentionnées pour avoir des propriétés alexipharmaques ou alexitères, c'est-à-dire qui ont la propriété de résister au venin. « Il y en a d'internes qui remédient à la peste, aux fièvres malignes, aux poisons, et d'externes qu'on applique sur les morsures ou piqûres des bêtes venimeuses, sur les charbons malins… On distingue aussi les alexipharmaques en chauds, en froids ou tempérés. » (Col de Vilars). On compte parmi ces plantes antivénéneuses :

– L'angélique (angelica) (*Angelica archangelica* L = *Archangelica officinalis* Hoffm) (Apiacées)

Sa racine est brune à l'extérieur, blanche au-dedans, rapporte Geoffroy, qui note :

« Aujourd'hui l'angélique passe pour être stomachique, cordiale, sudorifique, vulnéraire et alexipharmaque. Elle guérit les maladies malignes, les poisons et la peste même. » Lémery confirme en précisant que « la racine contient beaucoup d'huile exaltée et de sel volatil. Elle est cordiale, stomacale, céphalique, apéritive, sudorifique, vulnéraire ; elle résiste au venin ; on l'emploie pour la peste, pour les fièvres malignes, pour la morsure du chien enragé, pour le scorbut. » Quant à Cazin, il écrit que « l'angélique est une plante précieuse trop peu employée, alors qu'elle se révèle très utile notamment dans l'atonie générale, dans celle des organes digestifs en particulier. » On reconnaît aujourd'hui à son huile essentielle des propriétés antibactériennes et antispasmodiques et celles de stimuler les sécrétions gastriques et pancréatiques favorisant ainsi la digestion (Fleurentin). L'angélique est inscrite dans la Pharmacopée française (2016) où il est précisé que c'est le fruit qui est la partie utilisée de la plante.

– Le baumier (balsamum) baumier de Judée (*Commiphora opobalsamum* Engl) (Burséracées)

C'est le suc qui s'écoule du tronc du baumier qui a été remarqué par les tenants de la *Théorie des signatures* qui l'ont comparé au venin des bêtes venimeuses et lui ont de ce fait reconnu la vertu de soigner efficacement ceux qui auraient été mordus ou piqués par elles.

Lémery note « qu'il découle en été du tronc de cet arbre, par des incisions, un baume blanc, liquide et odorant. Comme ce baume est rare, cher et précieux, ajoute-t-il, il est sujet à être mélangé ou falsifié. Il doit avoir une consistance approchant celle de la térébenthine, de couleur blanche tirant sur le jaune, transparente, d'une odeur pénétrante et agréable, d'un goût un peu amer et âcre. Il contient beaucoup d'huile à demi exaltée par du sel volatil, acide. Le baume blanc est un remède très estimé pour fortifier le cœur et le cerveau, pour résister à la malignité des humeurs, pour exciter la transpiration, pour les morsures des bêtes venimeuses, étant donné intérieurement. On peut aussi s'en servir extérieurement pour déterger et consolider les plaies, pour fortifier les nerfs. Les dames l'utilisent pour adoucir, polir la peau, guérir les petits boutons et les autres inégalités du visage. Comme il est rare et cher, on lui substitue l'huile de muscade dans les compositions destinées pour la bouche. » Il n'est plus d'usage de nos jours.

– Le figuier (ficus) (*Ficus carica* L) (Moracées)

« Si l'on blesse les fruits du figuier avant leur maturité ou la queue des feuilles ou l'écorce nouvelle du figuier, écrit Geoffroy, il en sort un suc laiteux, âcre et amer » qui n'est pas sans rappeler le latex blanchâtre des euphorbes dont il a d'ailleurs la même action corrosive sur la peau. Il rappelle par ailleurs que Galien attribuait aux figues la vertu de résister aux venins et que c'est avec des figues que Mithridate préparait ce fameux antidote avec lequel il avait coutume de se garantir du poison. Mais il ne confirme pas si cette vertu antivenimeuse était encore reconnue aux figues à son époque. Lémery en revanche semble donner crédit à cette réputation. « Les figues, écrit-il, contiennent beaucoup d'huile et de sel essentiels. Elles adoucissent les âcretés du rhume et de la poitrine ; elles fortifient le poumon ; elles amollissent les duretés, excitent les accouchements ; elles résistent au venin ; elles soulagent les maladies des reins et de la vessie, étant prises intérieurement en décoction ; on en fait des gargarismes pour les maux de gorge et de la bouche ; on en applique aussi extérieurement pour digérer, pour amollir et pour hâter la suppuration. » Les figues entrent aujourd'hui dans la composition des « fruits pectoraux » et on ne leur reconnaît que des propriétés émollientes, pectorales et laxatives. Le figuier est inscrit dans la Pharmacopée française (2016) où il est précisé que c'est le « pseudo-fruit » qui est la partie utilisée de la plante.

– Le marrube blanc (prasium, marrubium) (*Marrubium vulgare* L) (Lamiacées)

La couleur blanche est largement présente sur cette plante, ce qui lui vaut d'avoir été inscrite dans la *Flore médicale des signatures* pour ses propriétés alexitère.

« Ses feuilles, écrit Lémery, sont rondes, ridées, dentelées en leurs bords, velues, cotonneuses, blanchâtres, odorantes, d'un goût âcre et amer ; ses fleurs sont petites et blanches. La plante contient beaucoup de sel essentiel et d'huile. Elle est incisive, apéritive, propre pour les obstructions de la rate, du foie, de la matrice, pour la phtisie, pour l'asthme, pour faciliter l'accouchement et la sortie de l'arrière-faix, pour résister au venin. » On reconnaît seulement aujourd'hui au marrube la propriété de stimuler la formation de bile au niveau du foie et de posséder une action antifongique (Fleurentin). Le marrube blanc est inscrit dans la Pharmacopée française (2016) où il est précisé que c'est la feuille et la sommité fleurie qui sont les parties utilisées de la plante.

– La serpentaire (dracunculus) (*Arum dracunculus* L = *Dracunculus vulgaris* Schott) (Aracées) Cf *infra* p. 187.

« Sa tige, écrit Geoffroy, est unique, droite, de la grosseur d'un pouce et plus, haute d'une coudée et demie et davantage, cylindrique, lisse, panachée de différentes couleurs comme la peau de serpent. Sa racine est plongée profondément dans la terre ; elle est blanche, vivace, presque sphérique, de la grosseur d'une pomme, semblable à une bulbe, garnie de plusieurs fibres capillaires blanches. » Lémery note « qu'elle contient beaucoup de sel essentiel et fixe et de l'huile. Sa racine est purgative ; elle détache les humeurs grossières, pituiteuses et visqueuses ; elle purge les sérosités. Ses feuilles sont détersives et vulnéraires ; on les estime propres pour résister au venin, contre les morsures des serpents. » Cazin remarque que « la racine d'arum (*Arum maculatum* L), seule partie usitée autrefois, est à tort négligée aujourd'hui dans la thérapeutique où la mode exerce son empire comme dans tant d'autres choses. Elle est regardée par les auteurs qui en ont parlé, comme incisive, résolutive, expectorante, purgative. Il avoue l'avoir utilisée avec succès pour soigner une bronchorrhée, une coqueluche ainsi que dans l'asthme humide, la cachexie, l'hydropisie comme purgative et diurétique. » Il rapporte également qu'il l'a lui-même employée comme vésicatoire. Les arums sont inscrits dans la Pharmacopée française (2016) dans la Liste B des plantes dont les effets indésirables potentiels sont supérieurs au bénéfice thérapeutique attendu où il est précisé que ce sont les parties souterraines de la plante qui sont concernées.

*

* *

Les plantes marquées d'une signature chromatique blanche seraient donc efficaces pour soigner une grande variété de maladies. Mais les auteurs d'ouvrage vantant tout l'intérêt que présentait le recours à la *Théorie des signatures* pour la recherche et l'emploi de ces plantes médicinales ne donnent aucun moyen de les distinguer les unes des autres. On rencontre dans ce registre encore, la même absence de précision et les mêmes difficultés qui en résultent que nous avons soulignées plus haut pour les plantes porteuses de signatures chromatiques jaunes. Il est inutile de les reprendre ici.

Plantes porteuses de signatures chromatiques jaunes
Le souci, l'inule et la chélidoine
(Pierre Bulliard *Herbier de la France* 1780)

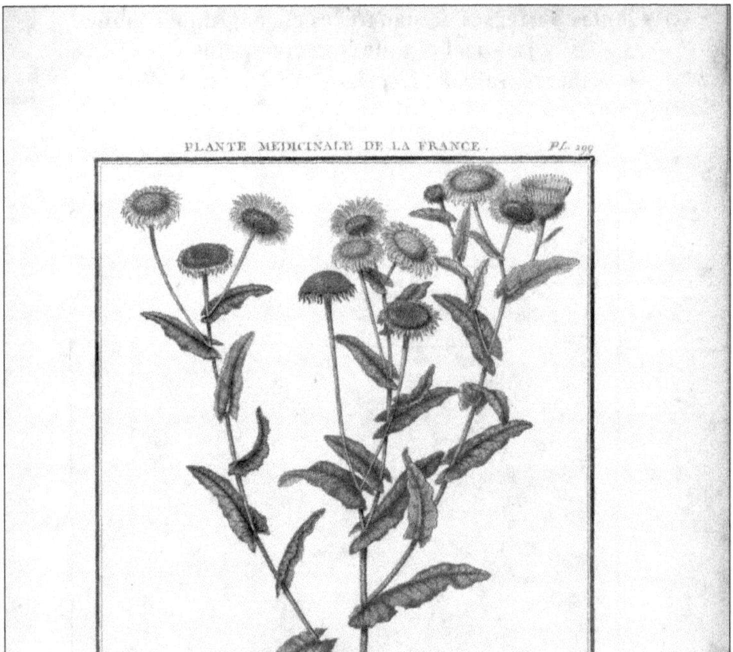
PLANTE MEDICINALE DE LA FRANCE.
Pl. 299
A B C E D F
L'INULE CONIZIERE
Inula dysenterica L.S.P.

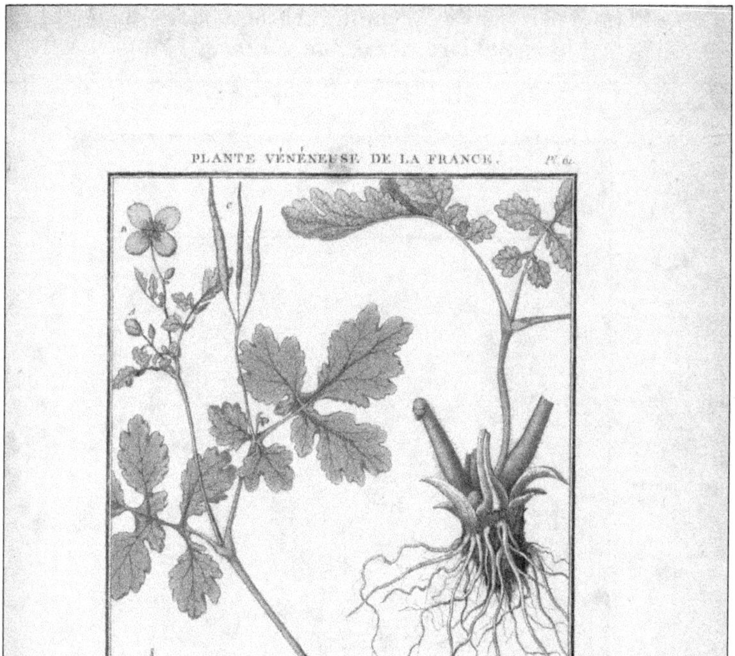
PLANTE VÉNÉNEUSE DE LA FRANCE.
LA CHELIDOINE MAJEURE.
Chelidonium majus.
TIGES
FLEURS
FRUITS
LA CHELIDOINE MAJEURE

Plantes porteuses de signatures chromatiques rouges
(Pierre Bulliard *Herbier de la France* 1780)

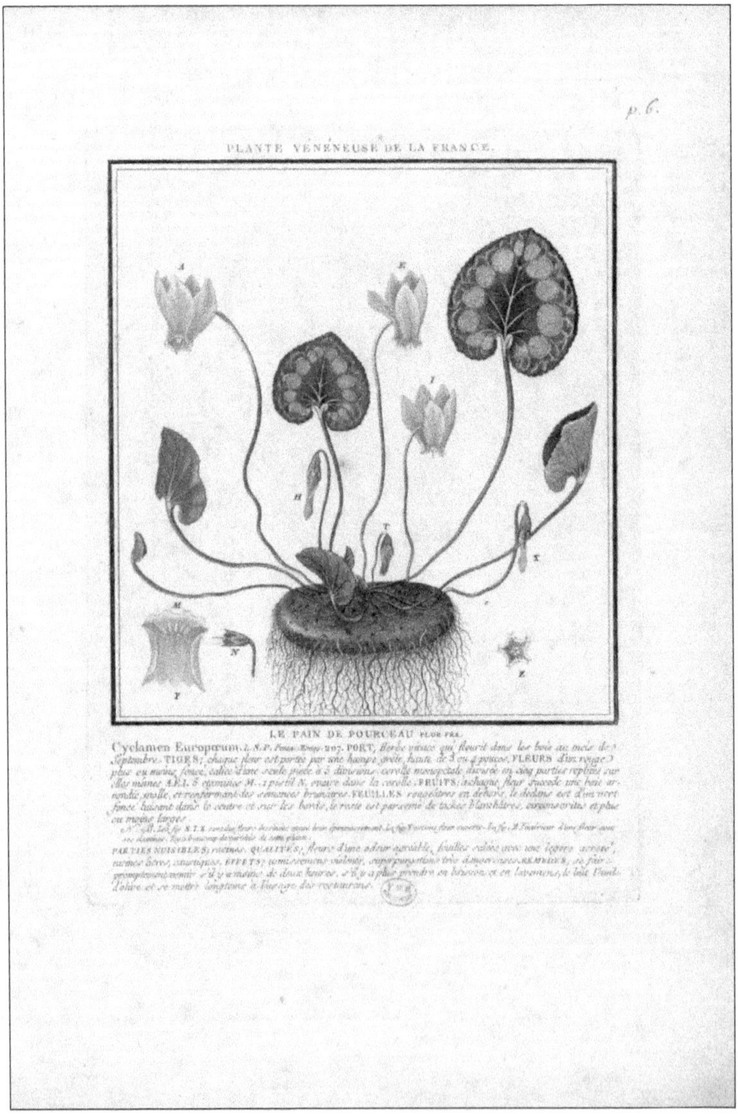

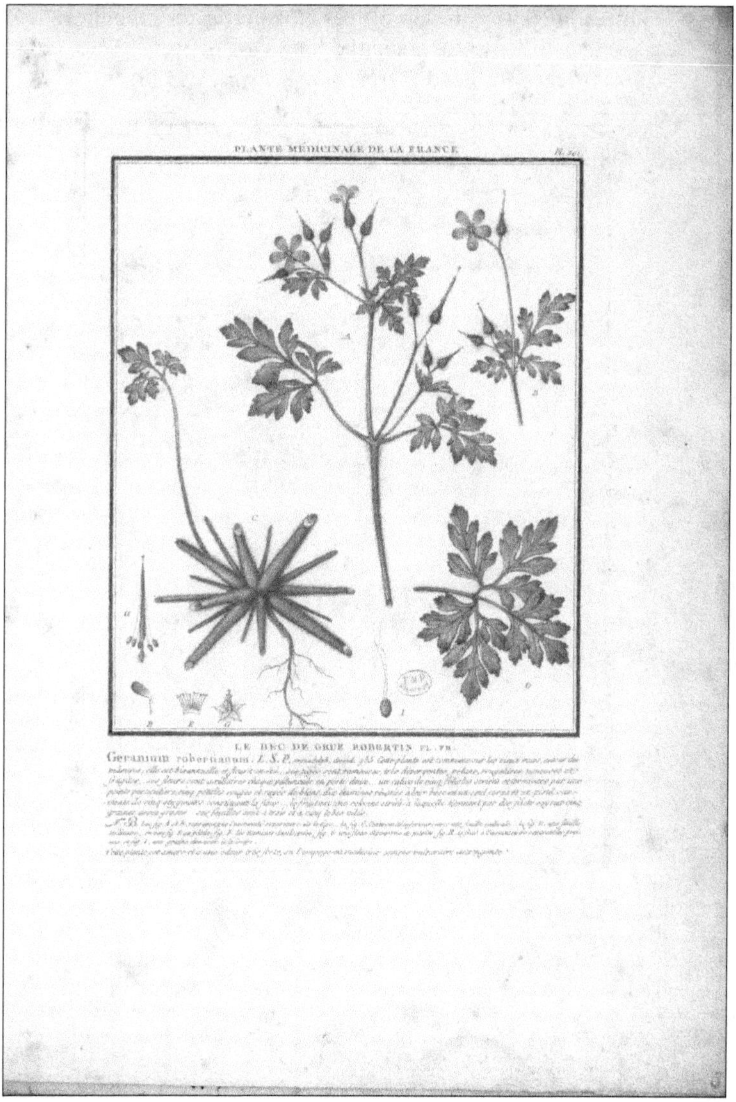
PLANTE MÉDICINALE DE LA FRANCE
LE BEC DE GRUE ROBERTIN
Geranium robertianum. L. S. P.

Plantes porteuses de signatures chromatiques blanches
Le marrube blanc
(Pierre Bulliard *Herbier de la France* 1780)

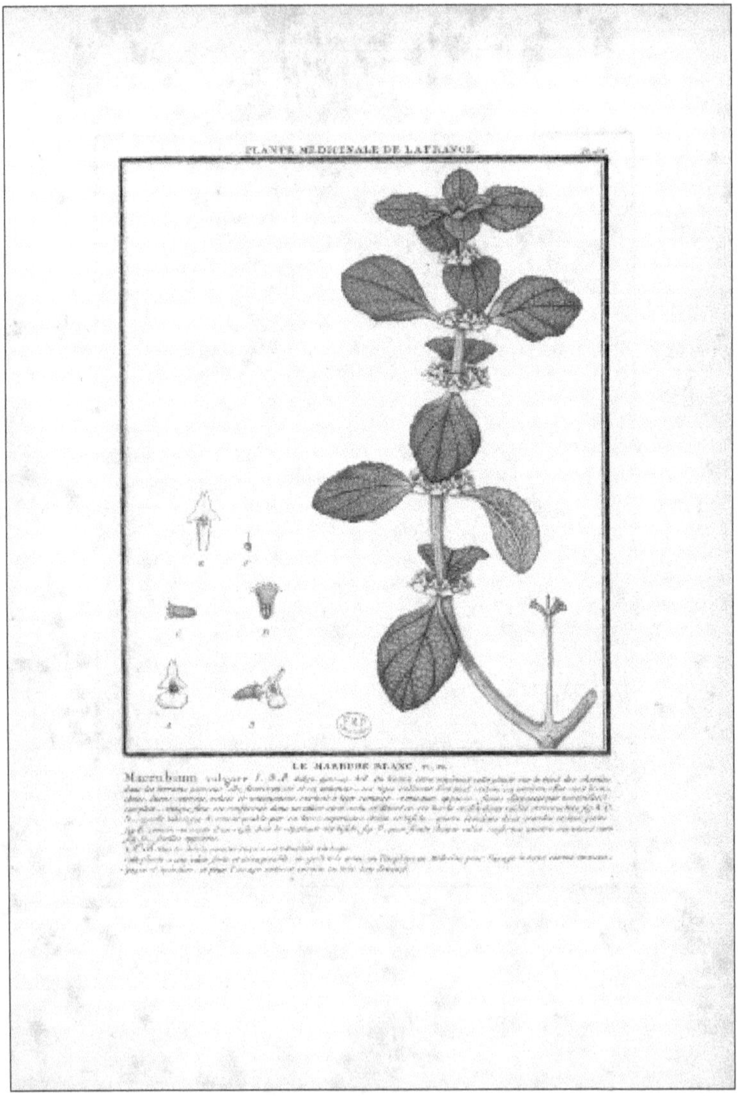

CHAPITRE 4

Les signatures morphologiques

Les auteurs de flore s'attachent généralement à nommer, classer et décrire avec la plus grande précision possible, les végétaux qu'ils ont sélectionnés afin que les utilisateurs de leur ouvrage puissent aisément les identifier. Si les notices qu'ils ont consacrées à chacune des plantes de leurs flores sont généralement incomplètes, leurs lacunes sont volontaires, car ils ont jugé que les seules parties des plantes qu'ils décrivaient étaient suffisantes pour permettre l'identification de celles-ci avec une marge d'erreur relativement réduite.

Les tenants de la *Théorie des signatures* quant à eux, se sont limités à ne mentionner dans leurs flores qu'une partie précise de chacune des plantes qu'ils ont sélectionnées et auxquelles ils ont prêté une vertu curative. Ils considéraient en effet qu'il suffisait de ne signaler qu'un détail de la morphologie d'une plante suffisamment facile à observer pour permettre aisément l'identification de celle-ci et pour en déduire qu'il devait être interprété comme le signe de la propriété thérapeutique de la plante à laquelle il appartenait.

Malheureusement, la plupart d'entre eux ont tiré leurs observations sur les végétaux qu'ils citent, bien davantage dans des ouvrages de botanique de leur époque, voire chez des auteurs de l'Antiquité, qu'au cours de longues et patientes herborisations *in situ* et ils n'ont généralement pas validé leurs affirmations par leur propre expérimentation, c'est-à-dire par de nombreux tests sur les malades.

Dès lors, ils ne pouvaient que se livrer qu'à un exercice purement intellectuel et original qui a consisté :

– D'abord à comparer les formes particulières de certains éléments d'une plante (notamment les feuilles, la tige ou les racines) avec les parties du corps ayant des formes d'une semblable apparence ou une certaine ressemblance avec les manifestations extérieures de maladies qui affectent celui-ci,

– Et à en déduire ensuite que la plante qui porte de telles particularités possède les propriétés thérapeutiques nécessaires et suffisantes pour les soigner et les guérir.

Nous avons retenu d'analyser ici quelques-unes de leurs observations selon leur niveau de précision :

- A un premier niveau, se trouvent répertoriées un certain nombre de plantes ayant des particularités aisément observables au premier coup d'œil, qui portent essentiellement sur leur aspect général, comme par exemple, leur taille, leur port ou leur beauté, ou la présence de taches sur leurs feuilles, ou encore d'écailles sur leurs tiges ou leurs fruits.
- A un second niveau, peuvent être dénombrées différentes plantes dont certains éléments évoquent assez facilement une partie ou un membre du corps humain ou les maladies qui atteignent ceux-ci.
- A un troisième niveau enfin, moins évident et exigeant des connaissances plus étendues, notamment en zoologie, sont sélectionnées des plantes dont certaines particularités peuvent relativement aisément être comparées avec celles d'un animal, généralement

considérées comme étant en relation avec une affection donnée dont souffre le genre humain.

Quel que soit le niveau d'observation considéré, la démarche de ceux qui étaient convaincus par la pertinence de la *Théorie des signatures* reste la même : la particularité qu'ils ont observée sur les parties d'une plante est considérée par eux comme le signe ou la signature par lequel celle-ci avertit qu'elle possède précisément les propriétés thérapeutiques ayant la propriété de soigner avec succès les maladies ou les parties du corps humain atteintes par des affections qui présentent les mêmes particularités. Mais ils ne vont pas jusqu'à affirmer qu'un tel signe est la manifestation extérieure de la présence interne du principe actif générateur des guérisons et *a fortiori* que celui-ci devrait nécessairement être localisé dans la partie de la plante porteuse du signe qu'ils avaient détecté. Ils n'ont d'ailleurs jamais affirmé qu'il existait une relation entre la localisation des principes actifs dans une partie de la plante et la morphologie de celle-ci… à supposer qu'ils aient eu quelque idée de la notion même de principe actif avancée par Paracelse.

Nous avons exposé dans notre *Flore médicale des signatures* les arguments de ceux qui ont critiqué avec plus ou moins de vigueur la théorie des signatures appliquée aux végétaux. Nous ne les développerons donc pas ici. Rappelons simplement que si certains l'ont totalement rejeté sans aucune concession, d'autres ont nuancé leurs critiques, jugeant que si la recherche des propriétés des plantes par l'observation des signatures était loin d'être judicieuse, elle n'était pas totalement à rejeter, car, dans certains cas, de telles signatures pourraient ne pas être totalement fortuites. Mais, au-delà du constat, ils étaient dans l'incapacité d'en expliquer les raisons.

Nous avons donc entrepris de vérifier d'abord pour un certain nombre de plantes qui étaient perçues comme porteuses de signatures si les vertus curatives qui y sont proposées étaient reconnues ou non par les meilleurs auteurs d'ouvrage de *Matière médicale* des Temps modernes, à la fois médecins et botanistes d'expérience, qui étaient considérés comme les détenteurs des connaissances scientifiques de leur époque.

Nous avons ensuite examiné si les propriétés thérapeutiques de ces mêmes plantes sélectionnées comme porteuses de signatures morphologiques étaient effectivement présentes ou non chez elles, au regard des connaissances scientifiques qui n'ont cessé de se préciser tout au long des XIXe et XXe siècles, et jusqu'à nos jours.

La *Théorie des signatures* au regard des connaissances botaniques des Temps moderne

La simple observation de la morphologie des végétaux pour guider la recherche de leurs propriétés thérapeutiques est proposée par la *Théorie des signatures* à une époque où l'étude des plantes suscite un intérêt renouvelé, mais où les connaissances scientifiques en Botanique restent limitées. Dès lors, une recherche des plantes médicinales et plus précisément des vertus curatives de chacune d'elles reposant sur une telle théorie peut-elle être considérée comme une démarche valide au regard des connaissances de l'époque où elle est proposée ou ne doit-elle être considérée que comme une simple spéculation intellectuelle parmi d'autres ?

Pour répondre à cette question, il nous faut d'abord rappeler brièvement quel était le niveau des connaissances botaniques d'alors, et comment les spécialistes les prenaient en compte pour décrire, nommer et classer les végétaux qu'ils avaient recensés, autrement dit quelle était leur approche de la morphologie et de la systématique végétales.

– La *morphologie végétale* est la partie de la botanique dont l'objet est de décrire avec précision et minutie la forme et la structure externe des plantes et de leurs organes, notamment les racines, les tiges, les feuilles et les fleurs, ce qui nécessite l'utilisation d'un vocabulaire riche, précis et très spécialisé. Les auteurs d'ouvrages où est développée la partie de la *Théorie des signatures* consacrée aux signatures morphologiques s'appuient sur des descriptions relativement précises, mais limitées des végétaux qu'ils citent. En effet, certaines particularités y sont passées sous silence, faute de vocabulaire adapté pour les prendre en compte. De plus, l'absence d'une dénomination commune à tous les botanistes pour désigner la même plante est alors génératrice d'une certaine confusion entre leurs écrits, la signature morphologique signalée par un auteur ne portant pas nécessairement sur le même végétal d'un auteur à l'autre, bien qu'elle soit désignée par le même mot chez tous les deux. La grande confusion qui en résultait est parfaitement illustrée dans le *Pinax Theatri Botanici* (1623) de Gaspard Bauhin (1560 - 1624) où celui-ci a recueilli tous les noms par lesquels une même plante était désignée à son époque et au cours du siècle précédent. Il faudra attendre Linné (1707 - 1778) et l'introduction généralisée de la désignation des plantes par un binôme latin (*Species plantarum* 1753) pour que soit mis fin à cette calamiteuse synonymie qui rend encore aujourd'hui particulièrement délicate l'identification des plantes mentionnées dans les ouvrages de botanique des *Temps modernes*. Nous avons rencontré cette difficulté à maintes reprises au cours de nos recherches sur la *Flore médicale des signatures* et de celles propres au présent essai. La dénomination des plantes n'est pas définitivement pour autant close et la poursuite continue des recherches, notamment en génétique, conduit quelquefois à revoir encore aujourd'hui, les noms attribués depuis longtemps à certains végétaux.

Quant à la forme et à la structure des végétaux qu'ils citaient et décrivaient, aucun botaniste des XVIe et XVIIe siècles ne s'était risqué à en proposer une explication rationnelle. Si tous savaient *décrire* une plante, ils n'étaient pas en mesure *d'expliquer* pourquoi le genre végétal présentait une si grande diversité d'espèces, ni pourquoi les éléments qui constituent une plante et qui permettent de la distinguer d'une autre, offraient une si grande variété de formes et *a fortiori*, quelle était la fonction de chacun d'eux. Il est vrai qu'ils n'avaient pas à leur portée les moyens scientifiques d'investigation nécessaire et indispensable pour avancer une autre explication.

Les partisans de la *Théorie des signatures* en proposaient une. En se déclarant convaincus que les plantes - comme d'ailleurs tout être vivant - avaient été créées par Dieu, ainsi qu'il était écrit dans la Genèse, dans la forme sous laquelle on avait pu les observer de tout temps, ils avançaient une explication qui, loin d'être rationnelle, était de l'ordre du surnaturel et, de ce fait, impossible aussi bien à démontrer qu'à réfuter. Selon eux, les particularités morphologiques de certaines plantes s'expliquaient donc tout naturellement par la bienveillance de Dieu, qui aurait indiqué aux hommes par ce moyen perçu comme un signe ou une signature divine qu'elles possédaient des propriétés thérapeutiques en étroite relation avec celle-ci.

– Si l'étude de la morphologie des végétaux se trouvait ainsi limitée, il en était de même de celle de la *systématique*, dont l'objet est de classer les plantes en espèces Or, si la nécessité de classer les végétaux s'est manifestée dès le XVIe siècle, les auteurs d'ouvrages de Botanique des XVIe et XVIIe siècles n'ont pas trouvé de solution satisfaisante à apporter à cette question et ils citent les plantes qu'ils y ont réunies par ordre alphabétique de leurs noms latins, parfois de leurs noms vernaculaires, tout en prenant soin de mentionner sous quel autre nom les auteurs qu'ils ont référencés les ont désignées. En effet, les tentatives de classification des végétaux comme celles d'Andrea Césalpino (1519 -1603) (*De Plantis Libri* XVI, 1583), de John Ray (1628 - 1705) (*Methodus Plantarum nova,* 1682) ou de Joseph Pitton de Tournefort (1656 - 1708) (*Eléments de Botanique*, 1694) n'ont pas emporté l'adhésion de tous les botanistes. Les auteurs d'ouvrages de *Matière médicale* ou consacrés aux seules plantes usuelles en médecine, comme celui de Chomel, par exemple, cité dans les chapitres précédents, n'ont pas davantage élaboré de système de classification agréé par tous. Il n'est donc pas surprenant que les tenants de la *Théorie des signatures* ne se soient pas davantage souciés de classer les plantes porteuses de signatures qu'ils mentionnent dans leurs écrits, et qu'ils se soient en général davantage attachés à les répartir en fonction des signatures qu'ils y ont perçues plutôt qu'à les citer en suivant l'ordre alphabétique de leurs noms, comme il était d'usage.

L'explication de la forme, de la structure et de la fonction de chacun des éléments constitutifs d'une plante ne laissait pourtant pas les botanistes indifférents au moment où leur est proposée la *Théorie des signatures*. Les végétaux avaient en effet fait l'objet de descriptions de plus en plus précises à la suite notamment des travaux dont Joachim Jung (1597 - 1657) avait montré l'exemple en exposant comment il convenait de procéder à l'étude systématique de leur forme (*Doxoscopia* (1662) et *Isagoge phytoscopia* (1679) parus après sa mort) et à en rendre compte par l'emploi d'une terminologie descriptive technique précise.

Ils n'ignoraient pas que certains caractères particuliers observés sur les plantes étaient en fait dus, par exemple, aux composants de la matière dont elles étaient constituées, aux conditions dans lesquelles elles s'étaient développées ou encore à leur propre adaptation aux données climatiques et aux propriétés de la terre où elles étaient nées. Il est donc peu probable que la majorité d'entre eux aient pu les considérer comme des signatures divines apposées sur les plantes au moment de leur création et sans changement depuis lors.

Certains, comme par exemple Andrea Cesalpino (1519 - 1603), avaient même tenté d'apporter quelques réponses judicieuses aux questions que posait la morphologie des végétaux (*De Plantis*, 1583), mais sans grand succès, car ils ne soupçonnaient guère l'existence même des cellules végétales et *à fortiori* leur structure et les opérations chimiques qui s'y développent. Il faudra attendre la découverte du microscope et celle des cellules végétales pour que soient apportés les premiers éléments de réponse justifiés par des connaissances scientifiques unanimement partagées (cf sup. chapitre 2).

La *Théorie des signatures* au regard des connaissances scientifiques actuelles

On ne saurait ici retracer l'histoire des découvertes qui permirent à la connaissance du monde végétal d'accomplir des progrès inimaginables aux *Temps modernes*. On se limitera à évoquer parmi les plus importantes d'entre elles, celles qui ont permis d'expliquer la morphologie des végétaux et celles qui ont conduit à vérifier la présence de principes actifs dans les plantes porteuses de signatures dont l'efficacité était confirmée par des expérimentations cliniques fiables :

– D'une part, la découverte de l'ADN qui a permis d'expliquer que la forme et la structure de chaque végétal résultent de l'expression du génotype de l'espèce à laquelle il appartient et que cette information génétique est portée par les chromosomes présents dans les cellules, notamment dans leur noyau. Il devint alors possible d'établir la *morphogenèse* d'une plante c'est-à-dire l'ensemble des mécanismes qui participent à son édification, de la germination de la graine jusqu'à sa mort, sans négliger pour autant l'incidence des facteurs de leur environnement. La prise en compte de l'évolution (à la suite de Lamarck et de Darwin) et le séquençage de l'ADN ont conduit à établir la filiation de chaque plante et la constitution d'une *classification phylogénétique* des végétaux, qui tend à remplacer aujourd'hui leur classification dite « classique » initiée par Linné.

– D'autre part la compréhension de l'autotrophie des plantes et l'importance du métabolisme chez les végétaux c'est-à-dire la capacité pour les cellules d'une espèce végétale de synthétiser de très nombreux constituants chimiques différents, et de produire ainsi des composés ou métabolites appartenant à deux types de métabolismes : un *métabolisme primaire* et un *métabolisme secondaire* :

– Les *métabolites primaires* sont des molécules présentes dans toutes les espèces végétales qui élaborent des éléments indispensables à la vie de la plante et à sa reproduction ; ce sont des glucides, des protéines constituées de chaînes d'acides aminés, des lipides, des acides nucléiques.

– Les *métabolites secondaires*, propres à chaque espèce végétale, qui sont à l'origine d'une biodiversité moléculaire exceptionnelle, source de découverte des molécules pouvant servir de base à la synthèse de nouveaux médicaments. Les métabolites secondaires sont généralement classés en quatre catégories : les terpènes et stéroïdes, les hétérosides, les alcaloïdes et les composés aromatiques (phénols, flavonoïdes, lignine, tanins). Ils sont typiquement produits dans un organe, un tissu ou un type de cellule spécifique à des stades particuliers du développement de la plante, comme par exemple, au cours de celui de la fleur, du fruit ou de la graine.

On ne saurait dans le cadre de cet essai procéder à une telle vérification pour toutes les plantes porteuses de signatures morphologiques recensées dans notre Flore qui dépasse largement la centaine. On s'est donc limité dans le présent chapitre à ne prendre que quelques exemples de plantes suffisamment représentatifs à nos yeux, dont les propriétés thérapeutiques qui leur avaient été attribuées selon la *Théorie des signatures*, pourraient paraître valides au regard des connaissances scientifiques actuelles.

Nous avons choisi de les présenter selon les trois niveaux d'observation définis plus haut :

1. Premier niveau d'observation : l'aspect général d'une plante

Parmi les nombreux exemples d'observations portant sur l'aspect général que présente une plante que nous avons répertorié dans notre Flore, nous n'en avons retenu que deux, l'aspect de la tige et celui de certains fruits.

Aspect des tiges et propriétés fébrifuges

Les tiges de certaines plantes présentent quelques particularités que les tenants de la *Théorie des signatures* ont considérées comme des signatures de leurs propriétés fébrifuges. C'est surtout la section de la tige qui peut être carrée ou triangulaire qui a attiré leur attention, mais cette caractéristique avait déjà été signalée par les Anciens : ils en avaient en effet déduit qu'elles avaient des propriétés susceptibles de soigner les fièvres tierces et quartes selon la section de la tige observée, les pointes de celle-ci étant évocatrices des pointes ou accès de fièvre…

Au XVIIe siècle, on utilise encore une répartition des fièvres intermittentes établies depuis Hippocrate. Ainsi, considérait-on « qu'une fièvre intermittente est une fièvre qui apparaît par accès, à intervalles plus ou moins éloignés, mais ordinairement réguliers et périodiques, intervalles pendant lesquels il n'existe aucune trace de mouvement fébrile… Suivant la durée des intervalles qui séparent les accès, la fièvre intermittente est dite quotidienne quand l'accès se manifeste tous les jours, tierce quand les accès surviennent de deux jours l'un et sont séparés par un jour d'apyrexie complète (ou état de calme total); la fièvre est dite quarte quand les accès sont séparés par deux jours d'apyrexie. » (E Littré, *Dictionnaire de Médecine*). Parmi les plantes sélectionnées par les tenants de la *Théorie des signatures* pour leurs propriétés fébrifuges, on peut citer les suivantes :

– Le cabaret (asarum) (*Asarum europaeum* L) (*Aristolochiacées*).

Au XVIIe siècle, le cabaret dont la tige est anguleuse, ce qui est la signature de ses propriétés fébrifuges, selon Porta, est surtout considéré comme un excellent vomitif et purgatif, que « l'on emploie toutefois utilement dans les fièvres intermittentes », selon Geoffroy. On l'appelait d'ailleurs alors la « panacée des fièvres quartes » et les paysans en faisaient leur fébrifuge (Valmont). Cet emploi en tant que remède populaire contre la fièvre s'est probablement perpétué tout au long du XIXe siècle, mais c'est surtout « pour provoquer la purgation et le vomissement que les feuilles de cabaret étaient encore employées en infusion par les gens de la campagne, plus attachés aux traditions populaires que les citadins. » (Cazin). Son rhizome est plus fortement purgatif et émétique que les feuilles. Cette plante n'est plus utilisée, car la racine d'ipécacuanha l'a remplacée.

– La petite centaurée (*centaurium minus*, *febrifuga*) (*Centaurium erythrea* Rafn) (Gentianacées)

C'est sa tige anguleuse qui avait attiré l'attention de Porta qui y voyait une signature de ses propriétés fébrifuges. Lémery confirme ces observations. Il note en effet que la tige de la petite centaurée est angleuse et lisse, que la plante est fébrifuge et que l'on s'en sert pour les fièvres intermittentes. Geoffroy est plus explicite : « Les sommités fleuries de cette plante, écrit-il, incisent puissamment les humeurs visqueuses et lèves les obstructions des viscères par le sel digestif qu'elles contiennent. C'est pourquoi elles sont fort utiles dans les maladies chroniques et les fièvres intermittentes. » Cette plante fut longtemps considérée comme fébrifuge et son efficacité était suffisamment reconnue comme telle pour qu'on l'appelât aussi « l'herbe à la fièvre ». Chomel classe d'ailleurs la petite centaurée parmi les plantes fébrifuges. Cette dernière utilisation est encore observée au XIXe siècle (Cazin). La petite centaurée n'est plus guère utilisée de nos jours comme fébrifuge. Son intérêt réside surtout dans ses principes amers dont la gentiopicrine et l'erythrocentaurine, qui lui confèrent la propriété de stimuler les sécrétions du foie et de l'estomac (Schauenberg et Paris). La petite centaurée est inscrite dans la Pharmacopée française (2016) où il est précisé que c'est la feuille et la sommité fleurie qui sont les parties utilisées de la plante.

– La germandrée petit-chêne (chamaedrys) (*Teucrium chamaedrys* L) (Lamiacées)

Cette plante dont la tige est quadrangulaire, ce qui serait évidemment le signe de ses propriétés fébrifuges, est considérée au XVIIe siècle comme utile, prise intérieurement, pour soigner les fièvres rebelles (Geoffroy). On lui prête alors en outre bien d'autres vertus, puisqu'on dit d'elle « qu'elle incise et atténue les humeurs épaisses et visqueuses, fortifie le ton (*i e* la tension) des parties relâchées, excite puissamment les urines et les sueurs et qu'elle est utile pour les obstructions des viscères, la jaunisse, les tumeurs de la rate, la suppression des règles, l'hydropisie qui commence, le scorbut et la goutte » (Geoffroy). Son emploi comme fébrifuge se perpétuera au XIXe siècle (Cazin) ; mais il sera limité à cause de sa grande amertume. On la compte parmi les remèdes populaires utilisés dans certaines provinces de France (Amir), mais elle ne l'est plus de nos jours. Elle figure dans la Pharmacopée française (Tableau B) (2016) comme « plante dont les effets indésirables potentiels sont supérieurs aux bénéfices thérapeutiques attendus ».

– La mélisse (melissophyllon) (*Melissa officinalis* L) (Lamiacées) Cf aussi *infra* p. 175.

Cette plante dont la tige est quadrangulaire est considérée au XVIIe siècle comme « cordiale et céphalique », mais on lui prête alors bien d'autres vertus. Selon Geoffroy : « elle fortifie l'estomac ; elle excite les mois aux femmes ; on s'en sert dans l'apoplexie, l'épilepsie et les étourdissements. On l'emploie encore avec succès dans la mélancolie, les fièvres malignes et la peste. » Elle est alors réputée comme cordial pour stimuler le fonctionnement du cœur, et comme tonique contre les migraines, les spasmes et autres malaises nerveux Son utilisation comme fébrifuge ne semble pas signalée dans les ouvrages de *Matière Médicale* du XIXe siècle. Elle figure dans la Pharmacopée française (janvier 2016) et dans la liste officielle des plantes « qui peuvent être vendues par des personnes autres que les pharmaciens ». (décret du 22 août 2008) qui précisent que les parties utilisées sont les feuilles et les sommités fleuries.

– La verveine (verbena ou herba sacra) (*Verbena officinalis* L) (Verbénacées)

La plante dont « les tiges sont anguleuses ou carrées, écrit Geoffroy, est regardée par les auteurs, comme vulnéraire, détersive, hystérique et fébrifuge » et il ajoute plus loin que « le suc ou son extrait modère les accès de fièvres intermittentes et les guérit quelquefois. » Au XIXe siècle, la verveine était encore utilisée comme remède populaire pour soigner les fièvres dans certaines régions de France (Amir). Mais, cette propriété est loin d'être prouvée : « les vertus attribuées à la verveine, écrit Cazin, ne reposent, de l'aveu des médecins de nos campagnes, que sur des faits douteux, de fausses observations ou des préjugés. » Elle figure dans la Pharmacopée française (2016) (avec indication de ses sommités fleuries comme partie utilisée). A ne pas confondre avec la verveine citronnelle (*Aloysia citriodora* Palau), originaire d'Amérique du Sud et introduite en France à la fin du XVIIIe siècle, également inscrite dans la Pharmacopée française. La verveine officinale semble peu utilisée de nos jours. Elle renferme des iridoïdes, des dérivés de l'acide caféique et des flavonoïdes. On lui reconnaît aujourd'hui des propriétés diurétiques et on l'emploie comme traitement d'appoint adoucissant et antiprurigineux, en application locale pour le traitement d'affections dermatologiques (Bruneton, Fleurentin).

*

* *

Si les plantes citées ci-dessus présentent effectivement des tiges anguleuses qui seraient le signe de leurs propriétés fébrifuges, cette particularité génétique - qui n'est malheureusement pas souvent signalée dans les ouvrages modernes de botanique - est sans aucun rapport avec celles-ci. Elle est en effet partagée avec bien d'autres plantes communes - comme par exemple la ronce commune (*Rubus fruticosus* L) ou le buddleja (*Buddleja davidii Franch*), mais ces dernières n'ont pas pour autant de telles vertus. Quant aux principes actifs qu'on a pu déceler chez elles, ils sont présents dans d'autres parties de la plante que la tige et n'ont généralement pas fait preuve de leur efficacité pour le traitement des fièvres.

Plantes à bulbes et œdèmes

La nature offre au regard de nombreuses plantes dont une ou plusieurs parties attirent l'attention par leur forme qui semble exagérément renflée. Il n'en fallait pas plus pour que les partisans de la *Théorie des signatures* y voient le signe de leurs propriétés à soigner les enflures et les œdèmes, ainsi que certaines parties du corps, comme, l'œil, les amygdales, les testicules, mais aussi des affections qui présentent une forme ronde, comme les hémorroïdes. Ce sont principalement des plantes à bulbes, mais aussi des plantes dont les racines présentent des nodosités (c'est-à-dire de petites boursouflures qui s'y développent sous l'action de bactéries vivant en symbiose avec la plante). Parmi elles, on compte notamment :

– L'ail (allium) (*Allium sativum* L) (Alliacées).

On lui reconnaît de nombreuses propriétés au XVIIe siècle. Lémery, par exemple, note « qu'on se sert en Médecine du fruit et de la racine de l'ail », et notamment, entre autres usages, « qu'on l'utilise pour consumer les cors des pieds, étant écrasés et appliqués dessus. » Geoffroy qui est plus réservé sur son emploi, autrement qu'en aliment, signale toutefois qu'on l'utilise pour apaiser les douleurs de la goutte : « On pile *p e* (parties égales) d'ail et de grande joubarbe, que l'on réduit en bouillie, que l'on applique sur la partie malade. » Au XIXe

siècle, on lui attribuait de très nombreuses propriétés. Parmi elles, on relèvera qu'il était jugé efficace, en usage externe, comme rubéfiant et maturatif pour éliminer les verrues, les cors aux pieds ou encore les durillons (Amir, Lieutaghi). Autant d'emplois qui pourraient être jugés comme une justification de la théorie des signatures. Mais Geoffroy ajoute que, selon certains médecins, « l'ail est nuisible à ceux qui ont des hémorroïdes », une appréciation qui s'inscrit donc en faux contre cette même théorie. Aujourd'hui, on reconnaît à l'ail de réelles propriétés pharmacologiques après avoir démontré ses effets antidépresseurs et vaso-dilatateurs, hypocholestérolémiant, hypolipéniant, antiagrégant plaquettaire et antioxydant. (Fleurentin). L'ail figure dans la pharmacopée française (2016) pour l'utilisation de son bulbe ainsi que dans la liste officielle des plantes « qui peuvent être vendues par des personnes autres que les pharmaciens » (décret du 22 août 2008).

– La petite chélidoine appelée aussi petite scrofulaire, petite éclaire, ficaire (*scrofularia minor**) (*Ficaria ranunculoides* Roth = *Ranunculus ficaria* L) (Renonculacées).

Porta décrit ses racines rugueuses et tubéreuses qui présentent des parties saillantes en forme de scrofules, une signature morphologique, selon lui, qui signale ses propriétés émollientes efficaces pour soigner les ulcères scrofuleux (ganglions lymphatiques touchés par la tuberculose ou écrouelles) et les carcinomes. Lémery note qu'on applique sa racine pilée sous les hémorroïdes qu'elle adoucit et résout. Geoffroy signale qu'on en recommande les racines appliquées extérieurement et prises intérieurement pour les hémorroïdes et les écrouelles. La racine est encore utilisée au XIXe siècle pour traiter les hémorroïdes (Cazin). Elle est toujours considérée comme efficace pour traiter les hémorroïdes, grâce aux hétérosides qu'elle contient qui ont des propriétés vasoconstrictrices (Bruneton, Morel). La ficaire figure dans la Pharmacopée française (2016) (avec l'indication de ses parties souterraines comme parties utiles et celle de tous ses organes comme toxiques). Mais de nos jours, elle est peu présente dans les herboristeries. Il est vrai qu'elle ne doit être utilisée qu'en application extérieure, car elle est toxique et sa consommation (décoction, macération) est fortement déconseillée.

– La colchique (ephemerum) *Colchicum automnale* L) (Liliacées selon la classification classique de Cronquist (1981), Colchicacées selon la classification phylogénétique)

Porta attribue à son bulbe charnu la propriété de guérir les plaies boursouflées et les petites enflures. Mais c'est surtout pour traiter la goutte, en application extérieure, qu'elle était jugée efficace au XVIIe siècle (Lémery), mais aussi au XVIIIe et au XIXe siècle pour ses effets analgésiques dans la goutte (Cazin). Elle contient de la colchicine, extrêmement toxique. Aussi ne l'emploie-t-on qu'en application externe pour traiter certaines dermatoses. Elle figure dans la Pharmacopée française (2016) (avec indication de son bulbe et de ses graines comme parties utiles).

– Le cyclamen appelé aussi « pain de pourceau » (cyclaminus) (*Cyclamen* L) (Primulacées) Cf aussi *supra* p. 99.

Ses tubercules charnus ont conduit Porta à y voir une signature morphologique qui dévoile ses propriétés pour soigner les excroissances de la peau, et notamment les scrofules (*i e* les écrouelles ou humeurs froides). Au XVIIe siècle, elle est considérée comme incisive, atténuante, détersive, et on lui prête de nombreuses propriétés, notamment celle de résoudre les tumeurs (Lémery), et plus particulièrement, en cataplasme, les tumeurs dures, squirrheuses et écrouelleuses (Geoffroy). Au XIXe siècle, la racine réduite en pulpe est considérée comme un bon résolutif et on l'applique en cataplasme sur les tumeurs scrofuleuses et l'œdème (Cazin), les tumeurs scrofuleuses indolentes (Dorvault). La racine de cyclamen qui contient de la *cyclamine*, une saponine triterpénique particulièrement toxique, n'est plus guère utilisée de nos jours et la recherche pharmaceutique ne se semble pas s'y être intéressée. Le cyclamen figure d'ailleurs dans la Pharmacopée française (Tableau B) (2016) comme « plante dont les effets indésirables potentiels sont supérieurs aux bénéfices thérapeutiques attendus (partie utilisée : parties souterraines) ».

– Le tamier appelé « sceau de Notre Dame », bryone noire, « racine ou herbe de femmes battues » (vitis nigra) (*Tamus communis* L) (Dioscoréacées)

Selon Porta, ses rhizomes sont bons pour traiter scrofules et excroissances diverses, car elles présentent des sortes d'enflures qui peuvent assez aisément évoquer de telles affections cutanées. Geoffroy note qu'on fait communément usage de la racine pour les ecchymoses et « selon certains, écrit-il, elle apaiserait les douleurs de la goutte étant pilée avec du vinaigre et de la bouse de vache et réduite en cataplasme ». Au XIXe siècle, elle était probablement encore employée pour soigner les ecchymoses. Cazin fait état « des guérisseurs de campagne qui appliquent la racine, après l'avoir pilée et ratissée, sur les contusions et les ecchymoses. » Mais il avoue ne l'avoir jamais essayé. Dorvault (1928) note plus sobrement qu'elle est résolutive dans les contusions. La racine est toxique et n'est plus guère utilisée de nos jours, bien que ses propriétés rubéfiantes et antinévralgiques aient été reconnues (présence d'histamine et de saponosides stéroïdiques) (Morel). Le tamier figure dans la Pharmacopée française (Tableau B) (2016) comme « plante dont les effets indésirables potentiels sont supérieurs aux bénéfices thérapeutiques attendus (partie utilisée : rhizome) ».

*

* *

Les tenants de la *Théorie des signatures* n'ont pas fait de distinction entre les différentes catégories de parties souterraines que l'on peut observer chez les plantes : bulbes, tubercules, cormes et rhizomes qui sont propres aux plantes géophytes ou cryptophytes, c'est-à-dire à celles qui possèdent des organes enfouis dans le sol leur permettant de passer la mauvaise saison. Selon les cas, ce sont des organes de réserve alimentaire ou de multiplication végétative. Certains peuvent contenir des principes actifs, ce qui est aussi le cas des nodosités formées sur les racines de certaines plantes qui ont toutefois une toute autre origine : elles résultent d'une association symbiotique entre une plante et une bactérie. Quant à certaines grosseurs qui peuvent apparaître lors de la cicatrisation d'une blessure notamment sur la tige ou encore les galles, elles n'ont pas attiré l'attention de ceux qui avaient été séduits par la *Théorie des signatures*.

S'il est vrai que certaines plantes dont les parties souterraines semblent exagérément renflées sont efficaces pour traiter diverses affections qui se manifestent par un gonflement ou une excroissance de de la peau, ces caractéristiques de leurs parties souterraines proviennent de leurs cycles végétatifs ou résultent d'une défense de la plante attaquée par un agresseur extérieur. Il n'y a aucune relation entre le fait qu'elles possèdent effectivement de telles propriétés thérapeutiques et les particularités morphologiques de leurs parties souterraines.

Fruits et graines aux enveloppes dures et calculs (rénaux et vésicaux)

Certaines plantes donnent des graines ou des fruits qui frappent l'attention par la très grande dureté de leurs enveloppes, une particularité que les tenants de la *Théorie des signatures* se sont plu à comparer à celle des calculs rénaux. Ils ont aussi remarqué que certains végétaux avaient pour habitat des rochers qu'ils étaient supposés briser afin de pouvoir insinuer leurs racines dans leurs moindres anfractuosités. Aux uns et aux autres, ils ont attribué la propriété de chasser les calculs. Ils ont notamment mentionné les végétaux suivants :

– L'alkékenge (solanus heliacacabus) (*Physalis alkekengi* L) (Solanacées) Cf aussi *supra* p. 108.

La plante est également appelée coqueret à cause de la couleur rouge du calice rappelant celle de la crête du coq. La forme de son fruit n'a pas manqué de susciter dès l'Antiquité l'intérêt des naturalistes comme Pline. Au XVIIe siècle, celui-ci ne s'est pas émoussé. Geoffroy, par exemple, le décrit ainsi : « Le calice est en forme de cloche ; il s'étend en une vessie membraneuse de couleur verte dans le commencement, ensuite de couleur écarlate, à cinq quartiers ; il contient un fruit de la figure et de la couleur d'une cerise, mol, charnu, d'un goût d'abord un peu acide, ensuite fort amer, rempli de graines aplaties, arrondies et jaunâtres. » De telles caractéristiques du calice parvenu à maturité ne pouvaient manquer d'évoquer la vessie et les graines qu'il contenait, les calculs rénaux. Une excellente occasion pour les tenants de la *Théorie des signatures* d'y voir l'indication des propriétés diurétiques et litholytiques de la plante. Au XIXe siècle, les baies d'alkékenge sont toujours utilisées pour traiter la gravelle (Cazin). L'alkékenge est inscrit dans la Pharmacopée française (2016) où il est précisé que la partie utilisée est la baie ; il l'est aussi dans la liste officielle des plantes « qui peuvent être vendues par des personnes autres que les pharmaciens » (décret du 22 août 2008).

– Le chiendent (gramen caninum) (*Agropyrum repens* (L) P Beauv.) (*Cynodon dactylon* (L) Pers) (Poacées).

Sous ce nom, on pouvait en désigner différentes espèces. Lémery en distingue deux dont les racines sont toutefois semblables : le chiendent commun ou chiendent rampant, appelé aussi « petit chiendent » (*Agropyrum repens* (L) P Beauv.) et le chiendent « pied-de-poule » (*Cynodon dactylon* (L) Pers). Ce sont les nœuds observés sur leurs racines qui ont été comparés à des calculs et considérés comme des signatures par lesquelles le chiendent manifestait qu'il avait la propriété de les chasser des reins. « Les racines, écrit Lémery, s'étendent beaucoup dans la terre et dessus la terre, s'entortillant les unes dans les autres, divisées de distance en distance par des nœuds auxquels sont attachés des filaments. » « Le chiendent, ajoute-t-il, est employé pour lever les obstructions, pour exciter l'urine, pour la pierre, pour la gravelle, étant pris en décoction. » Au XIXe siècle, il est très employé en tisane notamment pour son action diurétique (Cazin) et en médecine populaire pour lithiase urinaire et la gravelle (Amir). Deux espèces de chiendents sont inscrits dans la Pharmacopée française (2016) le « gros chiendent » (*Cynodon dactylon* (L) Pers) et le « petit chiendent » (*Elytrigia repens* (L) Desv. ex Nevski =*Agropyron repens* (L) P Beauv) pour l'utilisation de leurs rhizomes. Ils le sont également dans la liste officielle des plantes « qui peuvent être vendues par des personnes autres que les pharmaciens » (décret du 22 août 2008). Le rhizome renferme des polysaccharides (triticine) des mucilages, des saponosides, des polyols, des traces d'huile essentielle (agro pyrène), des acides gras et des sels minéraux. Il est aujourd'hui surtout employé pour soigner les infections et les inflammations des voies urinaires. Son action sur les calculs rénaux devrait faire encore l'objet d'études cliniques pour être validée.

– La criste marine ou crithme marine (calcifraga et empetron) (*Crithmum maritimum* L) (Apiacées). Cf aussi *supra* p. 109.

C'est sans doute l'habitat habituel de la plante qui a attiré l'attention de Porta : elle pousse sur les rochers et sa longue racine s'insinue pour se développer dans le moindre interstice. « Elle sort des fentes des pierres, écrit Lémery, qu'elle semble avoir faites, d'où vient qu'on l'appelle perce-pierre ». Il en distingue deux espèces aux propriétés identiques : « elles contiennent beaucoup de sel, d'huile et phlegme ; elles sont apéritives, propres pour la gravelle, pour atténuer la pierre du rein et de la vessie, pour exciter l'urine et les mois aux femmes ». Au XIXe siècle, la criste marine est encore regardée comme diurétique et antiscorbutique (Cazin). C'est uniquement pour leurs effets diurétiques que les feuilles sont encore employées de nos jours (Garnier). La plante est inscrite dans la Pharmacopée française (2016) (avec l'indication de la partie aérienne comme partie utilisée) ainsi que dans la liste officielle des plantes « qui peuvent être vendues par des personnes autres que les pharmaciens » (décret du 22 août 2008).

– Le fragon appelé aussi « petit houx » (ruscus) (*Ruscus aculeatus* L) (Liliacées selon la classification classique, Asparagacées selon la classification phylogénétique)

Porta n'a eu garde d'oublier de mentionner cette plante qui offre la particularité d'avoir des feuilles sur lesquelles apparaissent de petites baies rouges qui abritent un noyau dur comme un os. Les auteurs d'ouvrage de *Matière médicale* comme Lémery ou Geoffroy signalent cette curiosité et précisent que « les baies rouges dans leur maturité contiennent chacune une, deux ou trois semences dures comme de la corne. » Lémery note qu'on se sert des baies et de la racine et qu'elles sont propres pour la pierre du rein et de la vessie. Geoffroy rappelle de son côté qu'elle est une des cinq racines apéritives avec celle de l'ache, de l'asperge, du fenouil et du câprier, qu'il contient beaucoup d'huile et de sels essentiels et « qu'on se sert communément de sa racine dans les tisanes, apozèmes et bouillons apéritifs qu'on prescrit dans la jaunisse, l'hydropisie, les pâles couleurs (*i e* la chlorose ou « anémie des jeunes filles ») et la gravelle. » Le fragon, considéré comme remède en médecine populaire, était employé comme digestif, diurétique, fébrifuge et bon pour la tension (Amir). Il est inscrit dans la Pharmacopée française (2016) où il est précisé que la partie utilisée est la partie souterraine et que le fruit est toxique. De nos jours, c'est son rhizome qui est utilisé, car il contient des principes actifs qui sont essentiellement des saponosides à génines stéroïdiques (hétéroside de ruscogénine). Il est prescrit pour ses propriétés veinotoniques, anti-inflammatoires et antiœdémateuses dans le soulagement des jambes lourdes, des varicosités, des hémorroïdes (Bruneton, Boullard). En revanche son activité diurétique reste à démontrer de même que son action dans le traitement des calculs.

– Le genêt (genista) (*Cytisus scoparius* (L) Link = *Sarothamnus scoparius* (L) Wimmer ex Koch) (Fabacées) Cf aussi *supra* p. 110.

Ce sont probablement les graines du genêt à balais qui ont attiré les tenants de la *Théorie des signatures* ; mais pour Porta, c'est la racine qui porte la signature de ses propriétés car elle est longue et mince et se faufile entre la pierre pour se développer en longueur. Selon Geoffroy, « il succède aux fleurs des gousses aplaties, larges, noirâtres quand elles sont mûres, à deux cosses remplies de graines plates, dures, roussâtres et en forme de rein. Dans l'analyse chimique, cette plante donne un phlegme acide et austère, une médiocre portion d'huile et de terre, un peu de sel volatil-urineux et une assez grande quantité de sel alkali. C'est parce qu'elle contient un sel essentiel semblable au sel naturel de la terre, mêlé intimement avec beaucoup de d'huile fétide qu'on dit qu'elle est apéritive, détersive et propre pour le foie, la rate et dans la néphrétique. » Il ajoute plus loin « qu'on confit les boutons des fleurs avec du sel et du vinaigre et qu'on les croit capables de lever les obstructions des reins et de briser les calculs. » Comme Lémery, il attribue les mêmes propriétés au genêt d'Espagne (*Spartium junceum* L), lequel note que sa fleur et sa semence sont propres pour la pierre et pour la gravelle. Au XIXe siècle, le genêt à balais est toujours utilisé comme diurétique (Cazin). En médecine populaire, la fleur était couramment recommandée en infusion comme diurétique et pour chasser les calculs rénaux (Amir, Palaiseul, Lieutaghi). De nos jours, on lui reconnaît des propriétés curatives pour traiter les troubles circulatoires et cardiaques et faciliter les fonctions d'élimination rénales et digestives (Bruneton). Le genêt à balai est inscrit dans la Pharmacopée française (2016) (liste A) avec l'indication que tous les organes de la plante sont toxiques à l'exception de la fleur.

– Le grémil appelé aussi « l'herbe aux perles » (lithospermum) (*Lithospermum officinale* L) (Boraginacées)

Cette plante avait déjà suscité l'admiration des Anciens pour ses fruits qui ont l'apparence de petites perles de porcelaine dures comme de la pierre et ils lui avaient attribué, en raisonnant par analogie, la propriété de briser les calculs. Une telle vertu continua à lui être reconnue par la suite et au XVIIe siècle, la plante était encore jugée par certains « propre pour atténuer et briser la pierre du rein et de la vessie. » (Lémery). Une telle propriété lui est toutefois contestée par d'autres, comme Geoffroy par exemple. Si ce dernier admet que l'on puisse recommander le grémil « pour exciter les urines, pour donner de l'aiguillon à la vessie et aux reins et pour chasser le calcul et le gravier, pour déterger le mucilage visqueux des reins qui est la première matière et la source des calculs », il déclare en effet que « cette herbe ni aucun autre remède n'est capable de briser le calcul quand il est une fois formé. S'il y en a quelqu'un qui ait cette grande vertu, nous ne le connaissons point encore. » On reconnaît toutefois aujourd'hui à ses feuilles, qui contiennent de l'acide lithospermique, des propriétés antigonadotropes (Morel).

– La larme de Job (lachryma Joppea) (*Coix lacryma-jobi* L) (Poacées).

Selon Porta, sa graine ressemble à celle du grémil, mais elle est encore plus dure. Elle en a les mêmes propriétés. Celles-ci lui sont encore reconnues au XVIIe siècle. Lémery et Geoffroy, par exemple, notent que sa semence est propre pour atténuer la pierre du rein ou de la vessie. Elle ne semble pourtant pas avoir suscité beaucoup d'intérêt au cours des siècles suivants, puisqu'elle n'est plus que rarement mentionnée pour ses seules propriétés diurétiques.

– La nèfle (mespilum) (*Mespilus germanica* L) (Malacées)

C'est le fruit du néflier qui a tout particulièrement attiré l'attention de Porta car, selon Geoffroy qui en donne une description très précise, celui-ci « contient quatre ou cinq osselets pierreux très durs, oblongs, bossus ou inégaux en leur surface, rougeâtres dans chacun desquels on trouve une semence oblongue ». Il précise que les nèfles contiennent beaucoup de phlegme, d'huile et de sel acide terrestre. Il se réfère à Schroeder, médecin allemand alors renommé (1729 - 1772), pour signaler que les semences du néflier seraient selon ce dernier « diurétiques et propres pour la gravelle ». Une affirmation proche de celle de Lémery qui note : « les osselets ou noyaux sont estimés pour atténuer la pierre du rein et de la vessie et pour la faire sortir ». On prêtait à ce fruit des propriétés antidiarrhéiques, astringentes, diurétiques et toniques, mais le néflier n'est guère mentionné dans les ouvrages de phytothérapie récents.

– La pariétaire (helsine, appelée aussi pariétaria) (*Parietaria officinalis* L) (Urticacées)

C'est sans doute parce qu'elle pousse entre les pierres des vieux murs que Porta l'a sélectionnée parmi les plantes porteuses d'une signature. Elle était d'ailleurs désignée populairement par l'expression « casse-pierre ». Au XVIIe siècle, on lui reconnaît la propriété d'être efficace pour traiter les calculs rénaux. Lémery, par exemple, note « qu'elle est fort apéritive, détersive, émolliente, résolutive, propre pour la pierre, pour la gravelle, pour exciter l'urine, pour la colique néphrétique ; on s'en sert intérieurement et extérieurement. » Geoffroy précise qu'elle « est regardée comme apéritive, adoucissante et résolutive et s'emploie intérieurement et extérieurement.

Quant à son usage intérieur, soit qu'on se serve de son suc, ou de sa décoction ou de son eau distillée, elle est diurétique, apéritive, et propre à inciser les glaires et les phlegmes des conduits de l'urine. Ainsi, elle est très utile dans la suppression d'urine et dans la gravelle… La pariétaire s'emploie extérieurement dans les décoctions émollientes qu'on prépare pour les fomentations, les lavements, les demi-bains. » Au XIXe siècle, elle est utilisée en médecine populaire comme diurétique (Amir, Palaiseul, Lieutaghi), mais ses propriétés sont mises en doute, et, selon Cazin elles sont jugées presque nulles. Elle est cependant encore considérée aujourd'hui comme diurétique du fait de sa teneur en nitrate de potassium et aurait la propriété d'empêcher la formation de calculs, mais ces propriétés demanderaient à être validées par une expérimentation clinique. (Morel). Elle figure néanmoins dans la Pharmacopée française (2016) (avec l'indication de sa partie aérienne comme partie utile de la plante).

– La saxifrage appelée aussi « perce pierre ». (saxifragia) (*Saxifraga* L) (Saxifragacées)

Ce sont certaines particularités de sa racine qui ont attiré l'attention de Porta et sont ainsi décrites par Lémery. « Sa racine, écrit celui-ci, jette plusieurs fibres au sommet desquelles sont attachés de petits tubercules gros comme les grains de coriandre. » Il ajoute qu'elle est « fort apéritive, propre pour la pierre, pour les obstructions, pour exciter les urines et les mois aux femmes. » Geoffroy signale « qu'on a donné le nom de saxifrage à plusieurs plantes d'un genre fort différent (il en décrit six espèces) auxquels quelques Anciens avaient attribué la propriété de rompre ou de dissoudre la pierre dans les reins et dans la vessie, mais, note-t-il, c'est une supposition que l'expérience a convaincu de fausseté et qui n'était venue dans l'esprit de ces médecins que parce que ces plantes croissent ordinairement dans les endroits pierreux et dans les fentes des murailles et que les racines de quelques-unes ressemblent à de petites pierres rondes comme des noyaux de cerise. » Il reconnaît qu'elles ont toutefois « la faculté de pousser le sable par les urines et d'être de quelque secours dans ces sortes de maladies. » Ce passage est particulièrement intéressant pour illustrer notre propos, car il est un exemple précis où la *Théorie des signatures* - sans qu'elle soit explicitement nommée - est prise en défaut par un des principaux médecins de référence du XVIIe siècle dont le Traité de *Matière médicale* fait autorité. La saxifrage est inusitée aujourd'hui.

*

* *

Les plantes réputées pour traiter efficacement les calculs rénaux et biliaires tenaient leurs propriétés thérapeutiques selon la *Théorie des signatures* soit parce qu'elles poussaient de préférence dans des endroits pierreux ou dans les fentes des murailles, soit parce que certains de leurs éléments étaient d'une grande dureté, notamment les noyaux de leurs fruits.

Dans le premier cas, il s'agit d'un des aspects des caractéristiques de l'habitat où se plaisent ces plantes qui se sont adaptées à un tel environnement, ce qui ne signifie pas pour autant que ce dernier les a incité à produire des métabolites aux vertus curatives, notamment des principes actifs ayant la propriété de dissoudre ou d'expulser les calculs.

Quant à la dureté des graines et de certains fruits qui serait comparable à celle des calculs, rappelons brièvement qu'elle résulte de la transformation du pistil après la fécondation, ou plus exactement de la paroi de l'ovaire (partie du pistil qui renferme l'ovule) qui devient la paroi du fruit, appelée péricarpe, entourant les graines. L'épiderme externe de cette paroi devient l'épicarpe, le parenchyme devient le mésocarpe, et l'épiderme interne, l'endocarpe. Ce dernier est le feuillet le plus interne du péricarpe, tissu du fruit entourant la graine. Il est parfois lignifié et est alors appelé noyau. Il a pour fonction de protéger la graine.

Alors que celle-ci peut contenir des principes actifs, l'endocarpe lignifié n'en contient aucun. Il n'y a aucune relation entre la dureté du noyau et la propriété de la plante, dont le fruit (ou drupe) en contient un, à détruire les calculs qui se sont formés dans la vessie, les reins ou la vésicule biliaire.

2. Deuxième niveau d'observation

Morphologie des plantes et parties du corps humain

La tête

Ceux qui étaient acquis à la *Théorie des signatures* appliquée aux plantes se sont tout particulièrement intéressés à celles dont la forme ronde des racines, des inflorescences, des fruits ou encore des graines leur paraissait évoquer une tête humaine. Selon eux, une telle signature indiquait qu'elles avaient la propriété de calmer les maux de tête, l'épilepsie, de dissiper l'ébriété ou encore de provoquer le sommeil. Parmi elles, on retiendra ici les suivantes :

– Le muguet (lilium convallium) (*Convalaria majalis* L). (Liliacées selon la classification classique, Asparagacées selon la classification phylogénétique)

C'est la forme de sa fleur qui a attiré l'attention. Si, pour les uns, elle a la figure d'une cloche découpée en six crénelures (Lémery), pour d'autres, elle a celle d'une demi-tête comme découpée par une scie (Rhumelius). Au XVIIe siècle, « les fleurs de muguet, écrit Geoffroy, tiennent le premier rang entre les céphaliques et les remèdes pour les nerfs. Elles passent pour utiles dans l'apoplexie, l'épilepsie, le vertige, les convulsions, la paralysie, les catarrhes, et les autres maladies froides de la tête, soit qu'on en fasse usage intérieurement, soit qu'on les applique à l'extérieur. » Au XIX ^{e} siècle, les fleurs du muguet étaient regardées comme antispasmodiques et on les employait surtout dans la migraine, les convulsions, l'épilepsie, ou encore comme purgatif. Les fleurs réduites en poudre prise comme du tabac étaient également utilisées pour calmer les douleurs de tête (Cazin). De nos jours, le muguet est considéré comme un puissant cardiotonique (Schauenberg et Paris). Il figure dans la Pharmacopée française (Tableau B) (2016) comme « plante dont les effets indésirables potentiels sont supérieurs aux bénéfices thérapeutiques attendus (partie utilisée : les feuilles) ».

– La noix (fruit de *Juglans regia* L) (Juglandacées).

On aurait pu s'attendre à ce que les tenants de la *Théorie des signatures* accordent une place de choix à la noix dans leur liste des remèdes céphaliques. En effet, les botanistes ont bien remarqué que le noyer donnait « un fruit arrondi composé à maturité d'une écorce charnue, verte en dehors, blanche en dedans et d'une coque qui devient en mûrissant ligneuse, ridée, se partageant en deux et qui contient une amande presque coupée en deux ou en quatre parties inégales et qui ressemblent aux circonvolutions du cerveau. » (Geoffroy) Or ils n'ont pas cru devoir signaler cette particularité « cérébriforme » des cotylédons de la noix comme une signature signalant qu'elle avait la propriété de soigner les affections qui touchent le cerveau.

Il est vrai que le noyer n'avait alors pas bonne réputation. On croyait en effet, depuis l'Antiquité, que l'ombre du noyer causait des maux de tête, et qu'elle nuisait aussi aux arbres et même aux grains semés alentour. D'ailleurs, rappelle Lémery, le mot utilisé pour désigner la noix (*nux*) vient du verbe *nocere* qui signifie nuire, parce que « l'odeur du noyer excite de la douleur à la tête et étourdit plusieurs personnes. » Si l'on attribuait de nombreuses propriétés thérapeutiques à l'écorce, aux chatons, au suc de la racine et aux feuilles du noyer, la consommation de noix prises comme remède, était loin d'être recommandée, car de nombreux médecins jugeaient que les noix se digéraient difficilement et qu'elles causaient « la pesanteur de la tête ». Aujourd'hui, ce sont les feuilles du noyer et l'écorce verte des fruits (le brou) qui sont utilisées, notamment pour le traitement des jambes lourdes et des hémorroïdes ainsi que pour celui des diarrhées légères et en applications locales comme antiprurigineux et cicatrisant ; les feuilles renferment une huile volatile, du tanin, un principe colorant, une substance amère, le juglon (Schauenberg et Paris). Quant aux noix, elles sont vantées pour leurs propriétés nutritives et recommandées aux convalescents, aux adolescents, aux vieillards ; elles contiennent des glucides, des protides, des vitamines (A, B1, B2, B5, PP) ainsi que des sels minéraux (Zn Cu).

– Le pavot (papaver sativum) (*Papaver sativum* L) (Papavéracées).

Ce sont les « têtes » (*i e* les capsules ou fruits secs indéhiscents) de cette plante qui ont été perçues par les tenants de la *Théorie des signatures* comme le signe de ses propriétés à calmer les maux de tête et à guérir les différentes affections qui peuvent toucher le cerveau. On en distinguait alors deux espèces : le pavot blanc et le pavot noir. Lémery décrit ainsi cette partie de la plante : « Quand la fleur est passée, il leur succède une coque ovale ou oblongue, grosse comme un œuf de poule, couronnée d'un chapiteau verdâtre au commencement, puis blanchissant à mesure qu'il mûrit ou qu'elle sèche : elle contient dans sa cavité beaucoup de petites semences qui paraissent rondes, mais qui ont la figure d'un petit rein, blanches, attachées à des feuillets qui règnent en sa longueur tout autour. L'un et l'autre pavot contiennent beaucoup d'huile de phlegme et de sel essentiel. On emploie en médecine leurs têtes ou coques. On doit choisir les têtes récentes, les plus grosses et les mieux nourries. Elles sont narcotiques ou somnifères, elles calment les douleurs, elles épaississent les sérosités âcres qui tombent sur la poitrine, elles arrêtent les cours de ventre et les hémorragies, elles abattent les vapeurs, elles adoucissent la toux, étant prises en décoction ou en infusion. » Geoffroy consacre une longue notice au pavot blanc et au suc laiteux desséché ou opium extrait par incision des capsules quand elles ne sont pas encore mûres. Il serait trop long de citer ici les propriétés qu'il lui accorde, et de rapporter les précautions dont il s'entoure pour les mentionner. Cazin rapporte qu'il utilise l'action calmante d'une infusion de têtes de pavot sèches pour traiter de nombreuses affections. Il est établi que son action sur le système nerveux et notamment son pouvoir narcotique est provoquée par différents alcaloïdes (morphine, papavérine, codéine, narcotine, narcéine, thébaïne). Le pavot est inscrit dans la Pharmacopée française (2016) (avec l'indication de la feuille, de la capsule et du latex comme partie utilisée et l'indication que tous les organes de la plante sont toxiques sauf la graine).

*

*   *

La forme ronde de certains éléments d'un très grand nombre de plantes a n'a pas manqué de frapper l'imagination de ceux qui étaient convaincus de la justesse de la *Théorie des signatures* et de les inciter à y voir une analogie avec celle d'une tête humaine, pour en déduire qu'elles avaient la propriété de calmer les migraines ou de provoquer le sommeil. Si quelques-unes ont bien de telles vertus, on ne peut guère y voir que des coïncidences, car seule une infime partie d'entre elles les possèdent. Ainsi, par exemple, si elles sont bien présentes dans le pavot somnifère qui les doit non pas à la forme de ses capsules, mais au latex qui est contenu dans celles-ci, la plupart des plantes dont les fruits sont également des capsules c'est-à-dire des fruits secs déhiscents ou indéhiscents, en sont totalement dépourvues.

Les yeux

Il n'a pas échappé à ceux qui étaient convaincus par la *Théorie des signatures* que certaines plantes pouvaient aisément évoquer un œil aux paupières garnies de cils. Ce sont généralement des Astéracées (ou Composées) dont les fleurs composées présentent une partie centrale colorée, ronde et parfois bombée comme un œil entourée de nombreux éléments en forme de languettes comparables à des cils. De là à y voir une signature indiquant qu'elles avaient la propriété de soigner les affections oculaires…

Parmi les plus souvent mentionnées, on peut citer :

– L'anémone (*Anemone sylvestris* L et *Anemone pulsatilla* L = *Pulsatilla vulgaris* Mill) (Ranunculacées).

Porta note que la fleur, qui ressemble à celles du pavot, est noire en son centre et il en déduit - en y voyant sans doute une analogie avec la forme et la couleur de la pupille - que l'anémone est bonne pour les inflammations oculaires et même pour les faiblesses de la vue. Lémery ne le démentit pas ; il indique que les anémones (mais non les pulsatilles) « sont détersives, apéritives, incisives, vulnéraires, dessicatives, mais qu'on ne s'en sert guère qu'extérieurement dans les collyres pour les ulcères des yeux. » C'est un antispasmodique puissant, mais de nos jours, la pulsatille, considérée comme toxique, n'est guère utilisée (sauf en homéopathie) (Schauenberg et Paris, Morel). La plante est inscrite à la Pharmacopée française (2016) (avec l'indication de sa partie aérienne fleurie comme la partie utilisée de la plante).

– Le bleuet (cyanus) (*Centaurea cyanus* L) (Astéracées)

Après avoir noté que « les fleurs de cette plante étaient grandes, larges, belles, orbiculaires, composées chacune de plusieurs fleurons découpés les uns plus profondément que les autres, d'une belle couleur bleue et réjouissante », Lémery indique que « la plante est astringente et rafraîchissante, propre pour les maladies des yeux. » Geoffroy signale que « plusieurs recommandent l'eau distillée de bleuet pour l'inflammation des yeux, la rougeur, la chassie et même pour fortifier la vue et la rendre plus claire ». C'est pourquoi on l'appelle « *Eau de casse-lunette* ». Au XIXe siècle, le bleuet semble peu utilisé, sinon comme léger astringent en collyre (Cazin) ; en médecine populaire, la plante est recommandée quand on souffre de conjonctivite, d'inflammations ou d'irritations oculaires. Le bleuet reste souvent associé aux yeux bleus, par affinité de couleur (Leclerc, Amir). Ces propriétés restent à justifier par des expérimentations cliniques (Bruneton). La plante est inscrite à la Pharmacopée française (2016) (avec indication de ses capitules comme la partie utilisée de la plante).

– La camomille (anthemis appelé aussi chamaemelon) Ce mot commun peut désigner différentes plantes appartenant à la même famille (Astéracées) dont les fleurs sont relativement comparables, du moins au premier abord : la petite camomille (*Chamaemelum nobile* All), la grande camomille (*Chrysanthemum parthenium* (L) Berneb = *Tanacetum parthenium* (L) Sch. Bip), la camomille allemande ou matricaire (*Matricaria recutita* L = *Chamomilla recutita* (L) Rausch).

Si Pline notait (*H N*, XXII, 54) que la camomille guérissait les fistules lacrymales, les auteurs d'ouvrages de *Matière médicale* des Temps modernes ne semblent pas lui avoir reconnu des propriétés particulières pour traiter les diverses affections qui touchent les yeux. Lémery se contente de noter qu'on s'en sert dans les remèdes extérieurs, et qu'elles adoucissent les douleurs. Son emploi pour traiter les affections oculaires ne semble pas privilégié par les médecins du XIXe siècle. En revanche, la camomille est utilisée dans de nombreuses recettes de médecine populaire (Amir, Lieutaghi) et on relève parmi elles, qu'il est fait appel aux propriétés calmantes des camomilles pour soigner les conjonctivites, en usage externe (compresses et bains d'œil). De nos jours, la camomille et la matricaire, réputées comme anti-inflammatoires, sont utilisées en usage local comme adoucissant et antiprurigineux et comme antalgique dans les cas d'irritation oculaire. La composition chimique de la camomille romaine comme celle de la matricaire sont complexes ; son action anti-inflammatoire est principalement due au chamazulène et au bisabonol présents dans les fleurs (Bruneton, Fleurentin). Les différentes camomilles sont inscrites dans la Pharmacopée française (2016) ainsi que dans la liste officielle des plantes « qui peuvent être vendues par des personnes autres que les pharmaciens » (décret du 22 août 2008).

– L'euphraise (euphrasia) (*Euphrasia officinalis* L = *Euphrasia rostkoviana* Hayne) (Scrophulariacées, selon la classification classique, Orobanchacées selon la classification phylogénétique).

Ce serait les points ou les lignes qui marquent les fleurs blanches de cette plante - notamment une tache jaune qui aurait la forme d'un œil sur la lèvre inférieure de la corolle - qui auraient pu suggérer aux tenants de la *Théorie des signatures* que cette particularité était le signe de sa propriété à guérir les taches qui surviennent sur l'œil et obscurcissent la vue. Selon Lémery, « l'euphraise est détersive, astringente, propre pour les maladies des yeux, pour éclaircir et fortifier la vue. » Geoffroy précise : « De quelque manière qu'on la prenne, soit réduite en poudre et mêlée dans du vin, avec de l'eau de verveine ou du fenouil, soit seule ou avec des aliments, soit son suc exprimé, elle fortifie merveilleusement la vue et elle la rétablit lorsqu'elle est faible et prête à se perdre. » L'euphraise était alors largement utilisée en médecine populaire contre les inflammations oculaires. Chomel la classe parmi les plantes ophtalmiques. Cazin critique vivement la réputation dont jouit cette plante et n'hésite pas à écrire : « Des hommes célèbres (médecins et botanistes) se sont laissés entrainer par le préjugé en faveur d'une plante, très jolie du reste, mais presque dénuée de vertus. Quand de grands noms accréditent l'erreur, elle marche, traverse les siècles et vient s'assoir gravement à côté de la science. Quelle est donc l'origine de la réputation de l'euphraise ? La voici : on lui a trouvé la forme d'un œil, dit Chaumeton, et à une époque où l'absurde système des signatures était en vigueur, on en a conclu que l'euphraise devait être un remède infaillible contre les maladies des yeux. » L'euphraise renferme un glucoside, l'aucuboside ainsi que du tanin. Elle est utilisée comme dépurative et vulnéraire à action vasculaire (Morel).

– La scabieuse (scabiosa) (*Scabiosa succisa* L = *Succisa pratensis* Moench) (Dipsacacées selon la classification classique de Cronquist (1981), Caprifoliacées selon la classification phylogénétique (APG III). Cf aussi *infra* p. 193.

Porta note que ses fleurs ressemblent à des globes oculaires. Lémery est plus précis : « Les tiges soutiennent en leur sommet des fleurs disposées en bouquets ronds, composés de fleurons inégaux, de couleur bleue ou purpurine ou d'un bleu mourant. » Geoffroy rapporte que, selon le médecin Tabernae Montanus (1422 - 1590), « le suc de scabieuse mêlé avec un peu de borax et de camphre emporte ces taches blanches que l'on voit souvent sur la cornée. » Au XIXe siècle, la scabieuse n'est guère utilisée que par quelques médecins pour traiter les maladies chroniques de la peau selon Cazin, qui met en doute son efficacité : « Je ne puis distinguer cette plante d'une multitude d'autres végétaux analogues, écrit-il, et dont l'action est si faible, les effets si peu appréciables, qu'on peut les employer dans les maladies du caractère le plus opposé, avec la même apparence de succès. » Elle semble toutefois encore jugée efficace par certains phytothérapeutes pour traiter les débuts d'affections respiratoires ; mais son efficacité en ce domaine demanderait à être validée par des expérimentations cliniques.

– Le souci (caltha) (*Calendula arvensis* L, *Calendula officinalis* L) (Astéracées). Cf aussi *supra* p. 106.

La fleur attire l'attention. « Elles sont belles, écrit Lémery, grandes, rondes, radiées, de couleur dorée, d'une odeur un peu forte et assez agréable. » Et Geoffroy note que « l'eau distillée de fleur de souci, que l'on fait couler dans les yeux, guérit la rougeur et l'inflammation. » Au XIXe siècle, le souci, considéré comme un excellent vulnéraire et un anti-inflammatoire efficace, était utilisé pour traiter avec succès les ophtalmies chroniques (Cazin). Sa composition chimique est complexe. « Ses propriétés anti-inflammatoires, antispasmodiques, antihémorragiques et cicatrisantes sont intenses et fidèles, c'est de plus un anti-bactérien et fongicide, antiviral… il est remarquablement efficace dans les plaies de toute nature, les eczémas et dermatoses infectés. » (Morel) Le souci des jardins est inscrit à la Pharmacopée (2016) (avec l'indication des capitules et des fleurs comme parties utilisées de la plante).

*

* *

Parmi les nombreuses espèces de la famille des Astéracées, seules quelques-unes passaient pour être efficaces dans le traitement des affections oculaires, une telle croyance tenant au simple fait que, selon la *Théorie des signatures*, on avait cru voir la forme d'un œil dans celle de leurs fleurs. Or, si la plupart des nombreuses Astéracées donnent des fleurs qui pourraient également évoquer un œil, il ne leur a été reconnu à ce jour aucune propriété thérapeutique particulière. Quant à celles qui paraissent posséder de réelles vertus curatives, notamment anti-inflammatoires, celles-ci ne conviennent pas plus spécialement pour traiter les affections oculaires que pour toute autre inflammation. La relation entre la morphologie particulière de leurs fleurs, qui est commune aux différents sujets de la famille botanique des Astéracées à laquelle elles appartiennent et les propriétés thérapeutiques précises qui leur ont été prêtées en ophtalmologie ne repose donc que sur un des principaux raisonnements de la pensée magique.

Le cœur

Certaines plantes dont les fruits de forme plus ou moins ronde comme le citron, l'orange, le coing ou la pomme, les racines, ou encore les feuilles ressemblent avec plus ou moins d'évidence à un cœur ont suscité l'intérêt des tenants de la *Théorie des signatures* qui ont jugé cette particularité comme un signe par lequel ces plantes indiquaient qu'elles avaient la propriété de soigner les maladies cardiaques. Parmi elles, nous avons retenu les suivantes :

– L'agripaume (cardiaca) (*Leonurus cardiaca* L) (Lamiacées).

C'est parce que les graines de l'agripaume évoquent la forme d'un cœur que, selon la *Théorie des signatures*, cette plante avait la propriété d'être efficace pour soigner les palpitations cardiaques. Lémery note qu'on l'appelle aussi *cardiaca*, parce qu'elle est cordiale. Et il rappelle qu'elle est « atténuante, dessicative, détersive ; qu'elle excite les urines et les mois aux femmes ; qu'elle aide à l'accouchement, facilite la respiration, dissipe la palpitation et qu'elle répare les esprits, étant prise en poudre ou en décoction. » Geoffroy est plus réservé : « cette plante, écrit-il, est plus célèbre de nom (*cardiaca*) que d'effet. Quelques-uns disent qu'elle convient aux maladies du cœur ; mais Schröder et Ettmuller (des médecins allemands célèbres et de référence à son époque) disent qu'elle a été appelée *cardiaca* c'est-à-dire cordiale, parce qu'elle secourt ordinairement quand le cœur est malade, comme le peuple le dit, ou plutôt lorsque l'estomac est incommodé : car elle guérit la cardialgie des enfants qui vient du gonflement et de la distension des hypochondres et de l'estomac. » Encore très réputée au XVIIIe siècle, mais vantée à l'excès, l'usage de l'agripaume fut peu à peu délaissé au cours des siècles suivants. Cazin le déplore :

« Cette plante, écrit-il, dont on a exagéré les vertus, au point de la vanter contre la rage, appréciée à sa valeur réelle, ne mérite pas l'oubli dans lequel elle est tombée. » Aujourd'hui, elle est encore estimée comme un sédatif cardiotonique léger (Morel). Elle est inscrite à la Pharmacopée française (2016) (avec l'indication des sommités fleuries comme partie utilisée de la plante).

– La grenade (granata, malum granatum) (*Punica granatum* L) (Punicacées selon la classification classique, Lythracées selon la classification phylogénétique).

Certains auteurs d'ouvrages consacrés à la *Théorie des signatures*, comme Sennert, ont sélectionné la grenade parmi les plantes cardiaques, sans trop bien préciser pourquoi, sinon qu'elle était sous la domination du Soleil, .Au XVIIe siècle, la grenade est considérée comme cardiotonique. Selon Lémery, on se sert pour fortifier le cœur du suc de grenade et du sirop de grenade qui est cordial et astringent. Geoffroy note que « l'on sait depuis Hippocrate que l'on emploie avec succès le suc de grains de grenade pour traiter avec succès la cardialgie ».

« Ce même suc, écrit-il, fortifie l'estomac et rétablit merveilleusement le cœur. » Au XIXe siècle, on reconnaît aux fleurs et à l'écorce du fruit du grenadier des propriétés toniques, astringentes et vermifuges (notamment pour lutter contre le ténia) (Cazin). Aujourd'hui, le recours au grenadier comme ténicide a été abandonné, à cause de sa toxicité (Morel). Le grenadier est toutefois inscrit à la Pharmacopée française (2016) avec l'indication de la partie utilisée de la plante (l'écorce de la racine et de la tige) et l'indication de la toxicité des graines.

– La mélisse (melissophyllon) (*Melissa officinalis* L) (Lamiacées). Cf aussi *supra* p. 147.

Certains ardents promoteurs de la *Théorie des signatures*, comme Croll, ont cru voir la figure du cœur dans la forme de ses feuilles et en ont déduit que la mélisse avait la propriété de guérir les « maladies de cœur ». Au XVIIe siècle, cette vertu semble lui être reconnue. Lémery, par exemple, note qu'elle fortifie le cœur et Geoffroy écrit qu'elle est cordiale. C'est à cette époque qu'apparaît l'eau de mélisse dans la pharmacopée usuelle, encore commercialisée de nos jours. Il s'agit d'une préparation qui comprend quatorze plantes dont la mélisse, neuf épices et de l'alcool à 80°, présentée comme un cordial, c'est-à-dire une potion qui stimule le fonctionnement du cœur et un tonique utilisé entre autres contre les migraines. La recette de sa composition fut imaginée par un médecin anonyme qui la confia en 1611, à un religieux des Carmes de la rue de Vaugirard à Paris, le Père Damien. Ceux-ci ayant décidé de produire cette préparation dans leur couvent et de la commercialiser eux-mêmes, on l'appela dès lors *Aqua Carmélitarum*, c'est-à-dire Eau des Carmes, après l'avoir d'abord nommée *Eau de citronnelle*, autre nom donné à l'époque à la mélisse. Au XIXe siècle, la mélisse est surtout considérée comme stimulante et antispasmodique. Cazin précise que « l'excitation qu'elle provoque sur le système nerveux et sur différents appareils de la vie organique lui a valu les qualifications surannées de céphalique, cordiale, stomachique, carminative… selon les dispositions atoniques, générales ou locales, des sujets qui en reçoivent l'influence et les doses auxquelles on l'administre. On l'emploie généralement, ajoute-t-il, dans les affections nerveuses, telles que l'hystérie, les palpitations, les cardialgies, les spasmes, l'hypocondrie, la paralysie, les vertiges, la mélancolie, la migraine… » C'est dire l'étendue des affections pour le traitement desquelles on avait recours à elle. En médecine populaire, la mélisse était principalement utilisée pour ses propriétés digestives et calmantes, parfois pour les palpitations cardiaques (Amir). De nos jours, on lui reconnaît des effets sédatifs, anxiolytiques, spasmolytiques et inducteurs du sommeil (Bruneton). Elle aurait aussi des effets antibactérien et antiviral (Fleurentin, Morel).

– La valériane (nardus montana) (*Valeriana tuberosa* L ou *Valeriana montana* L) (Valérianacées).

Certains botanistes ont décrit ses racines comme ayant la forme de petits cœurs, ce qui a conduit à voir dans cette particularité le signe que la plante avait la propriété de soigner les affections cardiaques. Selon Lémery, « le nard des montagnes est une espèce de valériane, mais on ne le met guère en usage dans la Médecine. » Il reconnaît que « les valérianes sont cardiaques », mais il leur attribue bien d'autres propriétés ; « elles sont sudorifiques, vulnéraires, apéritives, propres pour résister au venin, pour fortifier le cerveau, l'estomac, pour chasser les vers, pour exciter les mois aux femmes, pour aider à la respiration. » Au XVIIe siècle, on attribue en effet aux différentes espèces de valériane de nombreuses vertus qui n'ont aucun rapport avec le cœur. Ainsi, selon Geoffroy « la valériane sauvage est antiépileptique, sudorifique, hystérique et propre pour provoquer les menstrues ; elle soulage beaucoup les asthmatiques et ceux qui ont des vapeurs et des mouvements convulsifs. » Au XIXe siècle, Cazin reconnaît encore son action positive sur le cerveau et les nerfs, contre l'épilepsie et les fièvres intermittentes. En médecine populaire, la valériane était réputée pour ses vertus calmantes et sédatives, et parfois recommandée pour les palpitations, les spasmes nerveux, les arythmies cardiaques (Amir) ou encore comme régulateur des règles (Lieutaghi). De nos jours, sa racine est considérée comme un sédatif efficace contre les déséquilibres nerveux et les troubles du sommeil (Fleurentin). La plante est inscrite à la Pharmacopée française (2016) (avec l'indication de la partie souterraine comme partie utilisée de la plante).

*

* *

La forme d'un cœur perçue sur les feuilles ou dans la forme des graines de certaines plantes de différentes familles botaniques a suscité l'idée qu'elle serait le signe de leurs propriétés thérapeutiques pour soigner efficacement les maladies cardiaques. Or, il n'y a aucun lien entre les deux particularités qu'offrent ces plantes : la forme du cœur s'est manifestée sur elles au cours de leur morphogénèse selon un processus qui est totalement indépendant de l'élaboration des métabolites secondaires par celle-ci et donc de la présence chez elles de principes actifs susceptibles d'agir sur les affections cardiaques.

Les poumons et la trachée

S'il n'existe pas de plantes ayant la forme des poumons ; il en est dont les feuilles, couvertes de taches blanchâtres, pourraient évoquer ces derniers. Une telle particularité ne pouvait échapper à l'attention des tenants de la *Théorie des signatures* qui n'ont pas manqué de la percevoir comme le signe de leur propriété à soigner les diverses affections qui touchent ces derniers. Ils ont par ailleurs considéré que certaines plantes dont les tiges sont creuses, signalaient par ce détail morphologique susceptible, selon eux, d'évoquer la trachée artère, qu'elles étaient bonnes pour soigner la toux, les irritations de la gorge, l'orthopnée, l'asthme ou encore les crachements de sang dus à une affection de la poitrine ou des poumons. Nous nous sommes limité à évoquer les suivantes :

– La bourrache (borago) (*Borago officinalis* L) (Boraginacées).

« Sa tige, écrit Geoffroy, est velue, cylindrique, creuse, haute d'une coudée, branchue… Cette plante dissout, divise et atténue les humeurs épaisses, tenaces et grossières ; elle rend le sang plus fluide ; elle lève les obstructions ; elle rétablit les sécrétions et les excrétions ; elle excite les urines et les sueurs et l'expectoration… Les malades qui en font un long usage, en reçoivent beaucoup de soulagement dans les maladies où il faut éviter les remèdes chauds, dans la pleurésie, la péripneumonie et dans le commencement des maladies inflammatoires. » Au XIXe siècle, « la bourrache, selon Cazin, est très employée comme émolliente, diurétique et sudorifique. Elle convient dans les fièvres inflammatoires, bilieuses, muqueuses, le catarrhe pulmonaire, la pneumonie, le rhumatisme aigu, les affections éruptives (rougeole, variole, scarlatine, miliaire. » En médecine populaire, elle était réputée pour son action sudorifique et pectorale (Amir). Aujourd'hui, on rappellera « qu'aucune expérimentation pharmaceutique ne semble avoir été effectuée sur cette drogue qui jouit d'une réputation de sudorifique, d'adoucissant, de diurétique ». (Bruneton). La bourrache est inscrite à la Pharmacopée française (2016) (avec l'indication des fleurs comme partie utilisée de la plante) ainsi que dans la liste officielle des plantes « qui peuvent être vendues par des personnes autres que les pharmaciens » (décret du 22 août 2008).

– La guimauve (althaea, parfois malva) (*Althaea officinalis* L) (Malvacées).

C'est également la tige creuse de la guimauve qu'a remarquée Porta, jugeant que cette particularité devait être interprétée comme la signature de ses vertus curatives. Si

Lémery et Geoffroy ne signalent pas que sa tige est effectivement creuse, cette précision, importante pour l'application de la *Théorie des signatures*, est cependant précisée chez Valmont : « ses tiges, écrit-il, sont hautes d'environ trois pieds, grêles, rondes, velues, creuses. » Pour Lémery, « elle est émolliente, humectante, adoucissante, pectorale, apéritive, propre pour les maladies des reins, de la vessie, pour la toux, pour les âcretés qui descendent de la poitrine, pour les ardeurs d'urine, pour les coliques néphrétiques. » On remarquera qu'il s'agit d'affections qui touchent aussi bien la trachée que les conduits urinaires, des « conduits » qui parcourent le corps humain comparables, l'imagination aidant, avec la tige creuse de la plante…

Au XIXe siècle, la guimauve est toujours considérée comme « émolliente et adoucissante au plus haut degré et on l'emploie journellement à l'intérieur et à l'extérieur dans le traitement de toutes les phlegmasies aiguës, telles que la toux, les catarrhes, l'angine… » (Cazin). En médecine populaire, elle est employée en usage interne, comme adoucissante dans les maux de gorge, la toux, les douleurs gastriques et intestinales et en usage externe pour ses propriétés maturatives (abcès) et calmantes (maux de dents) (Amir). La guimauve est aujourd'hui reconnue parmi les plantes médicinales pour ses effets antitussifs, anti-inflammatoires, adoucissants et régulateurs du mucus et aussi comme stimulant de l'immunité (Fleurentin). Elle est inscrite à la Pharmacopée française (2016) (avec l'indication des feuilles, des fleurs et des racines comme parties utilisées de la plante) ainsi que dans la liste officielle des plantes « qui peuvent être vendues par des personnes autres que les pharmaciens » (décret du 22 août 2008).

– La mauve (malva) (*Malva sylvestris* L) (Malvacées).

Ce pourrait être sa tige creuse qui aurait suggéré à Porta l'idée qu'elle portait la signature de ses propriétés thérapeutiques pour soigner les affections de la gorge et de la trachée. La tige n'est pourtant pas vraiment creuse. Selon Geoffroy, en effet, « il sort de la racine plusieurs tiges hautes d'une coudée et demie et plus, remplies de moelle, branchues, environ de la grosseur du petit doigt. » Geoffroy lui reconnaît de nombreuses propriétés : « la mauve humecte, amollit, calme les douleurs, adoucit l'acrimonie de l'urine et lâche doucement le ventre. Elle tient le premier rang entre les quatre plantes émollientes communes qui sont la mauve, la guimauve, la violette noire et l'acanthe ou la branc-ursine. Quelquefois on y en ajoute encore quatre autres moins renommées ; savoir la mercuriale, la pariétaire, la poirée et l'arroche. La décoction des feuilles prise assidûment est très bonne dans les ardeurs internes des fièvres, dans la péripneumonie et la pleurésie. » Au XIXe siècle, la mauve est toujours considérée comme émolliente et adoucissante par excellence (Cazin). En médecine populaire, la mauve était employée comme anti-inflammatoire notamment dans les affections de la peau, des yeux, des articulations, de la gorge, de l'estomac, dans les dérèglements intestinaux (Amir). La mauve est aujourd'hui utilisée par voie orale dans le traitement de la toux et comme laxatif doux, et, en application locale, comme adoucissant et anti-inflammatoire (en gargarisme pour les maux de gorge) et aussi comme antiprurigineux (pour les crevasses) (Fleurentin). La mauve est inscrite à la Pharmacopée française (2016) (avec l'indication des feuilles et des fleurs comme partie utilisée de la plante) ainsi que dans la liste officielle des plantes « qui peuvent être vendues par des personnes autres que les pharmaciens » (décret du 22 août 2008).

– La pulmonaire (*pulmonaria*) (*Pulmonaria officinalis* sp *maculosa* (Hayne) Gams) (Boraginacées).

Les taches blanches qui maculent ses feuilles n'ont pas manqué d'attirer l'attention de ceux qui étaient convaincus par la *Théorie des signatures*. Geoffroy en distingue trois espèces dont les feuilles présentent toutefois quelques différences : la grande pulmonaire dont « les feuilles sont oblongues, larges, terminées en pointe, traversées par un nerf en leur longueur, garnies d'un duvet mollet en dessus, en dessous et sur les bords, marbrées communément de taches blanchâtres. » La petite pulmonaire dont « les feuilles sont oblongues, étroites, velues, assez semblables à celles de la buglosse sauvage et de la vipérine, mais plus molles et couvertes d'un poil moins rude, sans queue, embrassant la tige par le milieu. Ses feuilles sont pour l'ordinaire maculées ou marbrées de taches blanches, mais quelquefois elles ne le sont point. La pulmonaire des Français dont les feuilles sont verdâtres et velues en dessus, lanugileuses et blanchâtres en dessous, ordinairement marbrées de grandes et belles taches noirâtres ». Il prête aux trois les mêmes propriétés : « On emploie indifféremment les trois espèces dans les tisanes ou dans les bouillons faits avec le mou de veau, destinés contre les maladies de la poitrine, lorsque les crachats sont salés, ou purulents, dans le crachement de sang de dans la phtisie. » Lémery est plus complet : « elles sont humectantes, détersives, consolidantes, vulnéraires, propres pour les maladies du poumon et de la poitrine, pour exciter le crachat ; on en fait prendre en décoction et on en applique aussi extérieurement. » Au XIXe siècle, la grande pulmonaire est toujours utilisée pour soigner les affections pulmonaires et Cazin lui-même déclare qu'il l'a employée avec succès. Il note que « Le nom dont on l'a décorée indique assez l'estime qu'on en faisait dans ces affections. Les habitants de la campagne croient fermement que le Créateur a indiqué l'usage de cette plante par les taches qu'on remarque sur les feuilles et qui, disent-ils, sont tout à fait semblables à celles qui existent sur le poumon malade. » On la prescrivait aussi pour soigner la tuberculose (Morel). Aujourd'hui, elle ne semble plus guère utilisée, mais on la trouve toujours en vente dans les herboristeries où elle est recommandée pour les affections des voies respiratoires et des poumons, en cas de grippe, de bronchite, de cathare pulmonaire, de pharyngite, pour calmer la toux et aider à l'expectoration. En l'absence d'explication scientifique, on avait imaginé une histoire merveilleuse pour expliquer les taches sur les feuilles de pulmonaire : C'est lors de sa fuite en Égypte que la Vierge Marie qui allaitait à la hâte son fils Jésus, fît tomber quelques gouttes de lait sur des feuilles de pulmonaire, leur donnant ainsi cet aspect tacheté qu'elles gardent en souvenir de ce moment. On sait maintenant que les plantes qui présentent des motifs ou des bandes blanches sur leurs feuilles sont généralement dues à la présence d'une proportion de chloroplastes porteurs d'une mutation qui conduit à l'incapacité de synthétiser de la chlorophylle.

*

* *

Les tiges creuses que l'on observe chez certaines plantes vasculaires ont parfois été considérées, en référence à la *Théorie des signatures*, à la fois comme l'indication de leurs propriétés diurétiques (cf *supra* p. 109) et comme le signe de leurs vertus pour soigner les affections des voies respiratoires ou des poumons. Rappelons brièvement que le centre des tiges des plantes vasculaires est généralement occupé par la moelle qui est un parenchyme, spongieux et lacunaire, généralement de couleur blanche ou claire assurant essentiellement un rôle de stockage. Au cours de la croissance de la plante, et de la progression de l'organisation interne de la tige, les cellules qui composent la moelle seront séparées et s'écarteront les unes des autres, pour former une cavité médullaire, qui peut chez certaines espèces conduire à une tige creuse. Une telle particularité n'a aucune relation avec la présence de principes actifs efficaces dans le traitement des maladies pulmonaires.

Quant aux plantes dont les feuilles sont maculées de taches blanches, celles-ci peuvent provenir de certains de leurs chloroplastes qui n'ont pas synthétisé la chlorophylle (comme chez la pulmonaire), mais aussi d'une maladie (chlorose, par exemple) ou de l'attaque d'un parasite (aleurode ou cochenille par exemple). La présence de ces taches sur les feuilles n'est aucunement une indication des vertus curatives de la plante, et *a fortiori,* celle d'être efficace pour soigner les affections des voies respiratoires.

Les doigts et les articulations

Les parties d'un certain nombre de plantes présentent des formes qui font aisément penser à des doigts ou à des articulations. D'une telle caractéristique, on pouvait aisément déduire que selon la *Théorie des signatures*, elles avaient la vertu d'être efficaces pour traiter les douleurs articulaires ainsi que les podagres et pour résoudre les fractures. De même, la présence de nœuds sur les tiges ou les racines de certaines plantes ne pouvait avoir d'autre justification, toujours selon la même théorie, que d'être les signes de leurs propriétés à traiter efficacement les affections articulaires et notamment la goutte. Parmi elles, l'une des plus représentatives est sans doute :

– La potentille rampante ou quintefeuille (*hermodactylus*) (*Potentilla reptans* L) (Rosacées)

Alors que Porta avait noté que la racine avait la forme d'un doigt dont l'extrémité ressemblait même à un ongle, et par suite qu'elle avait la propriété de guérir les articulations douloureuses Geoffroy ne fait aucun cas de cette particularité de la partie souterraine de la plante. En revanche, il note que « les feuilles sont oblongues, arrondies à leurs extrémités, nerveuses, velues, dentelées ou crénelées en leurs bords, d'un vert obscur, rangées en main ouverte ordinairement au nombre de cinq sur la même queue, laquelle est longue de trois pouces et plus. » Au XVIIe siècle, ce sont surtout « les racines qui sont employées dans les tisanes et les bouillons astringents lorsqu'il est besoin d'astriction », note Geoffroy, comme « dans les règles trop abondantes, dans le flux immodéré des hémorroïdes, dans le crachement de sang, pour arrêter le sang qui coule des plaies et pour toutes sortes d'hémorragies. La plante est également bonne pour arrêter les cours de ventre et la dysenterie ainsi que pour traiter les fièvres intermittentes. » Quant à l'usage extérieur de cette plante, ajoute Geoffroy, « quelques auteurs prétendent que l'eau distillée de ses feuilles guérit le tremblement des mains, si on les lave souvent et qu'on les laisse sécher. » Porta avait noté que la plante était bonne pour traiter les ruptures de tendons et la goutte. Cette dernière propriété est signalée avec prudence dans le *Dictionnaire botanique et pharmaceutique* (1802) publié par Jean François Bastien où il est noté : « Il y a des auteurs qui prétendent que l'infusion des racines emporte la jaunisse, débouche le foie et soulage les phtisiques et les goutteux. » Au XIXe siècle, la quintefeuille est surtout réputée pour ses propriétés astringentes (Cazin). En médecine populaire des campagnes, elle était utilisée, en décoction concentrée dans les fièvres intermittentes

(Lieutaghi). La quintefeuille n'est plus guère utilisée aujourd'hui. La forme de ses feuilles est sans aucun rapport avec la présence des principes actifs qu'elle contiendrait pour traiter la goutte.

3. Troisième niveau d'observation

Signatures végétales et morphologie des animaux

Les plus prolixes des auteurs acquis à la *Théorie des signatures* ne se sont pas contentés de rechercher des analogies entre les plantes et les différentes parties ou organes du corps humain, ils ont aussi entrepris de recenser les plantes portant des caractéristiques susceptibles d'évoquer certains animaux. Pour eux, de telles particularités ne pouvaient pas être purement fortuites. Il ne pouvait s'agir que de signatures, par lesquelles les plantes concernées manifestaient qu'elles possédaient des propriétés thérapeutiques pouvant être mise à profit pour soigner les affections causées par les animaux dont elles portaient un de leurs aspects les plus évidents ou bien qu'elles détenaient des vertus identiques à celles dont ceux-ci étaient supposés porteurs.

Les scorpions, les serpents et les vers

Les plantes dont certaines parties, notamment la racine, la fleur ou le fruit évoquent assez aisément la queue d'un scorpion, signaleraient par une telle particularité qu'elles possèdent évidemment la propriété de soigner les piqûres de cet animal. On citera parmi elles :

– Le doronic (thêluphonon, doronic) (*Doronicum pardalianches* L ou *Doronicum orientale* L). (Astéracées).

Ses racines ont suscité l'intérêt des botanistes et des médecins qui se sont opposés sur la réalité de ses propriétés thérapeutiques. Selon Lémery, « ses racines sont des tubercules blancs attachés à des fibres qui serpentent comme le gramen ; chacune représente en figure un scorpion…Elles sont propres pour résister au venin, pour fortifier le cœur, contre les palpitations, contre les vertiges, pour chasser par transpiration les mauvaises humeurs ». Geoffroy se montre plus circonspect sur la réalité de ses propriétés. « Cette plante, écrit-il, a de petites racines comme articulées par des nœuds, représentant en quelque façon la figure du scorpion, serpentant obliquement, ayant quelques fibres qui naissent de la partie inférieure des nœuds. Il y a une question importante parmi les Botanistes ; savoir si la racine est un poison ou un alexipharmaque. Les uns fournissent un sentiment, les autres un autre. » Et de citer un nombre égal d'auteurs d'ouvrages de *Matière médicale* ou de *Pharmacopée* qui s'opposent sur cette question. Les raisons qu'ils apportent pour rejeter cette racine sont tirées des expériences faites sur des chiens et sur des hommes. Quelques-uns leur objectent « que l'on trouve beaucoup de choses nuisibles et mortelles pour les animaux et qui ne font aucun mal aux hommes, mais qui au contraire leur sont salutaires. » Dans le doute, Geoffroy conseille de s'abstenir de l'utiliser. On retrouve la même prudence chez Cazin qui renonce à l'employer. La plante est inusitée de nos jours.

– La renouée bistorte ou couleuvrée (bistorta) (*Polygonum bistorta* L = *Persicaria bistorta* (L) Samp) (Polygonacées). Cf aussi *supra* p. 96.

C'est à cause de sa racine qui est repliée en forme de serpent, explique Lémery, qu'on a donné à la bistorte les noms de *colubrina* et de *serpentaria*. Elle est, selon lui, « astringente, propre pour résister au venin, pour arrêter le vomissement, les cours de ventre et les hémorragies, pour empêcher l'avortement. » Geoffroy, qui lui reconnaît les mêmes propriétés, rappelle qu'on met cette plante au nombre des alexipharmaques et des sudorifiques. Au XIXe siècle, la bistorte est surtout considérée comme un puissant astringent du fait de la teneur en tanin. « Elle réussit, note Cazin, contre les flux muqueux, les hémorragies passives, les écoulements de l'urètre, les leucorrhées, les diarrhées, la dysenterie, après avoir combattu les symptômes inflammatoires, et dans la période d'atonie. » De nos jours, elle reste réputée comme très astringente, et, de ce fait, cicatrisante, décongestionnante, hémostatique, tonique et vulnéraire. Elle est notamment recommandée comme un anti-inflammatoire très efficace dans les maux de gorge, les aphtes, les gingivorragies et pour raffermir les gencives (Morel), La bistorte est inscrite à la Pharmacopée française (2016) (avec l'indication de la partie souterraine comme partie utilisée de la plante).

– La serpentaire (dracunculus) (*Dracunculus vulgaris* Schott = *Arum dracunculus* L) (Aracées) Cf aussi *supra* p. 127.

Sa tige ne pouvait manquer de susciter l'intérêt et de stimuler l'imagination. « Cette plante, écrit Lémery, pousse une seule tige à une hauteur d'environ trois pieds, plus grosse que le pouce, droite, couverte d'une écorce qui représente la peau d'un serpent par ses marbrures, ou taches de couleur diversifiées… Ce sont les feuilles que l'on estime propres pour résister au venin contre les morsures des serpents. » Cette plante n'est pas utilisée de nos jours comme remède.

– Le souchet rond (cyperus, thrasus) (*Cyperus rotundus* L) (Cypéracées). Cf aussi *supra* p. 124.

Porta a noté que ses racines ont une forme allongée, de la grosseur d'une olive, qu'elles sont noires, rondes, entourées de petites excroissances ressemblant aux pinces d'un scorpion. Ni Geoffroy, ni Lémery n'ont mentionné une telle caractéristique. Ce dernier signale toutefois qu'elles ont la propriété, entre autres, de résister au venin. Cazin rappelle « que la médecine moderne s'en sert rarement » et qu'il en va de même pour « la racine de souchet long qui était autrefois considérée comme stomachique, sudorifique, emménagogue. »

*

* *

Ce sont les racines de certaines plantes dont la forme pouvait aisément évoquer celle d'un serpent qui ont suggéré la croyance en leur propriété antivenimeuse. Les quelques exemples mentionnés ci-dessus montrent que celle-ci n'est pas validée de nos jours et il est probable qu'elle ne repose depuis l'Antiquité que sur une construction imaginaire qui ressort de la pensée magique.

Animaux à la peau écailleuse

Un certain nombre de végétaux dont les parties souterraines, les branches, les feuilles, le calice de leurs fleurs, les fruits, ont l'aspect d'une peau écailleuse ont attiré suffisamment l'attention pour être comparés à celle de différents reptiles ou encore à une peau atteinte par certaines maladies. Une telle particularité leur a valu d'être appelées parfois « plantes écailleuses » (*squarosae plantae*), notamment par Porta et d'être perçue comme la signature de leurs propriétés curatives. Celle-ci suggèrera toutefois deux interprétations distinctes. On en déduira en effet que ces plantes possédaient non seulement des propriétés efficaces pour traiter les morsures des serpents, les blessures causées par les scorpions ou encore par les araignées-phalanges, mais aussi différentes maladies qui marquent la peau de lésions comparables à des écailles que l'on appelait alors *lepra, psora, scabiosa, vitiligo*, et *ungues scabros*. En voici quelques-unes :

– La bruyère (erice) (*Erica arborea* L, *Erica vulgaris* L, *Erica cinerea* L) (Ericacées).

Ce sont ses petites feuilles « un peu dures et rudes », note Lémery, qui ont probablement incité à les comparer à des écailles de serpents. De là à en déduire que la plante possédait la propriété de guérir les morsures de ces derniers…! Une opinion toutefois partagée par Lémery qui note : « ses feuilles et ses fleurs sont propres pour la pierre, pour exciter l'urine, pour les morsures des bêtes venimeuses, pour résister au venin ; on les prend en décoction. » L'utilisation de la bruyère (*Erica vulgaris* L) au XIXe siècle a suscité des débats, si l'on en croit Cazin, qui appelle à ne pas dénier systématiquement et péremptoirement tout traitement phytothérapique proposé par les Anciens. « On a traité un peu légèrement, écrit-il, les opinions émises par nos prédécesseurs sur les vertus de la bruyère [qui attribuaient à celle-ci la vertu de briser ou de dissoudre la pierre de la vessie]... Au lieu de rejeter comme absurde les exagérations des anciens sur les propriétés de nos végétaux, il faut les examiner et les réduire à leur juste valeur. Le dédain de la science moderne pour tout ce que l'observation leur avait fait acquérir, nous a privés de ressources thérapeutiques réelles. » De nos jours, la bruyère cendrée est traditionnellement utilisée par voie orale pour favoriser l'élimination rénale d'eau et dans les troubles urinaires bénins, comme la cystite (Bruneton, Fleurentin). Cette espèce est inscrite à la Pharmacopée française (2016) (avec l'indication de la fleur comme partie utilisée de la plante).

– Les carlines (chamaeleon). Les auteurs anciens en distinguaient deux espèces : un *chamaeleon* noir que l'on propose d'identifier au *Cardopatium corymbosum* Pers (= *Carlina corymbosa* L) et un *chamaeleon* blanc qui pourrait être *Atractylis gummifera* L) (= *Carlina gummifera* (L) Less) (Astéracées).

Lémery mentionne ces deux espèces sous le nom de carline qui ne diffèrent selon lui que par la taille de leur « tête ». « Leurs feuilles, écrit-il, sont grandes, longues, larges, découpées profondément, couchées à terre et rangées en rond, garnies de pointes dures et fort piquantes, de couleur vert pâle, ondée. Il naît entre ces feuilles sur la racine, sans tige, une tête large, orbiculaire, épineuse, garnie de feuilles, et soutenant des fleurs à fleurons, garnies et entourées de feuilles plates, pointues, blanches ou purpurines, disposées en rayons. » Porta résume cette description en remarquant que les fleurs du *chamaeleon* blanc sont serrées comme des écailles et qu'absorbé dans du vin, il résiste au venin des serpents. Lémery ajoute qu'il tue et chasse les vers. Geoffroy se montre prudent sur l'identification du *chamaeleon* blanc. Il rappelle en effet que cette plante a fait l'objet de différentes propositions d'identification, mais il croit finalement qu'il s'agit d'une carline et la description qu'il donne de la « tête » est plus précise que celle de Lémery : « Au milieu de ces feuilles, il naît une tête sans tige, sphérique, semblable à un hérisson, garnie de toute part de feuilles très épineuses, d'où sortent des fleurs blanches radiées, c'est-à-dire dont le disque est composé de plusieurs fleurs blanches, portées chacune sur un embryon ; la couronne est composée de feuilles plates qui n'ont point d'embryons. » Il ajoute plus loin que « la racine prise intérieurement est alexipharmaque pour les hommes contre les vers plats est une thériaque contre les poisons, lorsqu'elle est prise dans du vin. » De nos jours, la plante n'est pas utilisée comme remède.

– Le lis (lilium) (*Lilium album* L) (Liliacées)

Porta avait noté que le bulbe était formé de plusieurs couches d'écailles, et il lui prêtait pour cela la propriété de soigner les « lichens », les « lèpres », les écailles épidermiques (*furfures*) ainsi que les taches (*vitiligines*) sur le visage. Geoffroy confirme cette vertu thérapeutique, en précisant que « sa racine bulbeuse est composée de plusieurs écailles charnues, unies ensemble et attachées à un pivot et ayant en dessous quelques fibres, et qu'on fait usage de l'eau odorante des fleurs de lis obtenue par distillation pour relever le teint des jeunes filles et pour laver les taches de leur visage. Elle est fort bonne pour cela, surtout si on y mêle un peu de sel de tartre. » Au XIXe siècle, selon Cazin, l'oignon de lis, considéré comme mucilagineux, émollient et maturatif était employé, cuit dans de l'eau ou du lait, sous forme de cataplasme sur les tumeurs inflammatoires pour diminuer la tension et la douleur. « Quant à son eau distillée, écrit-il, regardée comme calmante, elle est aujourd'hui presque abandonnée comme inerte. » En médecine populaire, les pétales de lis étaient utilisés comme vulnéraires, émollients et résolutifs. On attribuait aux bulbes des propriétés antirhumatismales, calmantes, diurétiques, emménagogues et expectorantes (Boullard). Le lis blanc est inscrit à la Pharmacopée française (2016) (avec l'indication du bulbe et de la fleur comme partie utilisée de la plante).

– Le nard celtique (nardus celtica) (*Valeriana celtica* L) (Caprifoliacées).

Porta avait noté que la racine de cette petite plante était écailleuse et en forme d'épi, et il avait vu dans cette particularité une signature par laquelle la plante indiquait qu'elle était utile pour traiter les morsures des bêtes venimeuses. Lémery précise que « le nard celtique est une petite racine noueuse, écailleuse, jaunâtre, aromatique, ayant quelque forme d'épi qui lui a fait donner son nom (*spica celtica*)... Pour l'usage, note-t-il, on doit choisir celle qui est récente, qui a une douce odeur, qui a beaucoup de petites racines, qui n'est pas fragile, qui est pleine. » Le nard celtique est fort apéritif, propre pour résister au venin, pour chasser les vents. « Le nard celtique, écrit Geoffroy, est une racine fibreuse, chevelue, roussâtre, garnie de feuilles ou de petites écailles d'un vert jaunâtre, d'un goût âcre, un peu amer, aromatique, d'une odeur forte et un peu désagréable. » Il note qu'il a les mêmes vertus que le nard indien. « Ce dernier, desséché, infusé dans du vinaigre auquel on ajoute un peu de sucre, est en usage contre les obstructions du foie, de la rate et du mésentère. On en applique sur la plaie et la morsure des serpents venimeux, des scolopendres, des scorpions et autres semblables. » Le nard celtique n'est plus utilisé de nos jours comme remède.

– La sabine (sabina) (*Juniperus sabina* L) (Cupressacées). Cf aussi *infra* p. 210.

Selon Porta, ses rameaux portent des feuilles squameuses et sa résine, utilisée avec du miel, est efficace pour soigner les défauts du visage et les taches de rousseur (*lentigines*). Geoffroy note « qu'on prépare avec cette plante une eau et une huile distillées. L'eau distillée se donne depuis demi-once jusqu'à deux dans les potions emménagogues et vermifuges. Quelques-uns l'estiment contre le vertige ; elle est bonne aussi, comme détersive, pour emporter les taches du visage et pour éclaircir le teint. » Lémery précise « qu'on s'en sert aussi extérieurement en poudre pour la gale, pour la teigne, pour manger et consumer les chairs, pour déterger les plaies. » Au XVIIe siècle, elle est surtout considérée comme un puissant et dangereux emménagogue, voire un redoutable abortif. Cazin le rappelle et note que les feuilles de la sabine, en contact prolongé avec la peau, produisent l'irritation, la rubéfaction, l'inflammation. Il note que la sabine a aussi été utilisée comme vermifuge, dans les maladies vénériennes, les rhumatismes chroniques et que la poudre de sabine est employée à l'extérieur comme cathérétique. La sabine n'est plus utilisée de nos jours.

– La scabieuse (scabiosa) (*Scabiosa succisa* L = *Succisa pratensis* Moench) ((Dipsacacées selon la classification classique de Cronquist (1981), Caprifoliacées selon la classification phylogénétique (APG III). Cf aussi *supra* p. 171.

Porta avait remarqué que la plante portait au sommet de ses rameaux des fleurs dont les corolles présentaient des écailles disposées en rangées et il y avait vu une signature indiquant qu'elle avait la propriété de guérir les *scabies*, c'est-à-dire un certain nombre de maladies de peau décrites par Celse dans son *De Medicina* (V, 28, 14-19) dont la plus courante semble être la gale. Geoffroy qui en distingue deux espèces, est plus précis que Porta : « Les sommités des tiges de la première espèce soutiennent des fleurs divisées en bouquets ronds, composées de fleurons inégaux, de couleur bleue ou purpurine, ou d'un bleu mourant. Quand ses fleurs sont passées, il leur succède des têtes verdâtres, écailleuses, garnies à la base de feuilles en forme de rayon et composées des capsules qui contiennent chacune une semence oblongue, surmontée d'une couronne. » Selon Lémery, « la scabieuse est sudorifique, cordiale, pectorale, résiste au venin, est bonne pour l'asthme et la petite vérole ». Geoffroy note que les feuilles et les fleurs sont employées pour faire de l'eau distillée qu'on ordonne communément dans les potions diaphorétiques et cordiales dans la petite vérole et la rougeole et que l'on fait un sirop avec son suc qui est très propre pour les maladies de peau. Quant à la seconde espèce qu'on appelle aussi succise et *morsus diaboli*, elle présente les mêmes caractéristiques morphologiques que la première et sa racine, écrit Geoffroy, est recommandée comme « un excellent antidote contre toute sorte de venin ». - comme d'ailleurs la première espèce, selon Lémery. Cazin note qu'elle est encore prescrite par quelques médecins dans les maladies chroniques de la peau.

*

* *

L'existence sur un végétal de petites feuilles ou de petites lames comparables à des écailles, qui jouent souvent un rôle protecteur, leur a valu d'être perçues comme porteuses de signatures. Mais la morphologie même de ces feuilles ne semble avoir aucune relation avec la présence des principes actifs qu'on a pu y déceler. La *Théorie des signatures* repose, ici encore, sur une confusion entre morphogénèse et fabrication des métabolites secondaires - ainsi que leur localisation dans les différentes parties de la plante - qui sont des processus indépendants les uns des autres.

PHYTOGNOMONIC. LIB. III. 251

QVATVOR hac pictura occurrunt plantarum partes; ac harum primæ in extremis partibus duæ antoræ, & montanæ nardi radices apparent, habentes in medio citrij fructum. In superiori omnium sede apposuimus perseæ fructum, omnes cordis imaginem, quantum picturis assequi datum est, proxime exprimentes; ac iuxta eum è pulmone euulsum cor, quam fieri licuit, appinximus, vt mutua similitudo
146 exactius contemplari valeat.

GB della Porta *Phytognomonica*

Plantes évoquant le cœur

antora, montana nardus, citrium, persea (fructus)

186 IOAN. BAPTISTÆ PORTÆ

SONCHI speciem, chelidonium minus, & scrophulariam attulimus, quarum radicum innumeri fere globuli imam partem ambiunt, ad tubercula strumarum, & hæmorrhoidum ostendenda.

Columella nona die necare dixit, nisi curentur; tumorem in lingua cum inflammatione præcipue partis, *batrachion* Græci vocant: curatur cuspide lignea, qua rana rubeta transfixa sit,

GB della Porta *Phytognomonica*

Plantes évoquant les enflures et certaines parties rondes du corps

sonchus, chelidonium minus, scrofularia

PHYTOGNOMONIC. LIB. V. 377

PINASTRVM, scabiosam, iuglandem, & lilium repræsentamus,
180 quæ conos, capitula, iulos, & radices squamosas, & scabritie insignes, explicant. Squamosa præterea animalia, serpentes & pisces, vt ex voto squamas contempleris.

Aa 4

GB della Porta *Phytognomonica*

Plantes évoquant la peau d'un animal

pinaster, scabiosa, juglans, lilium

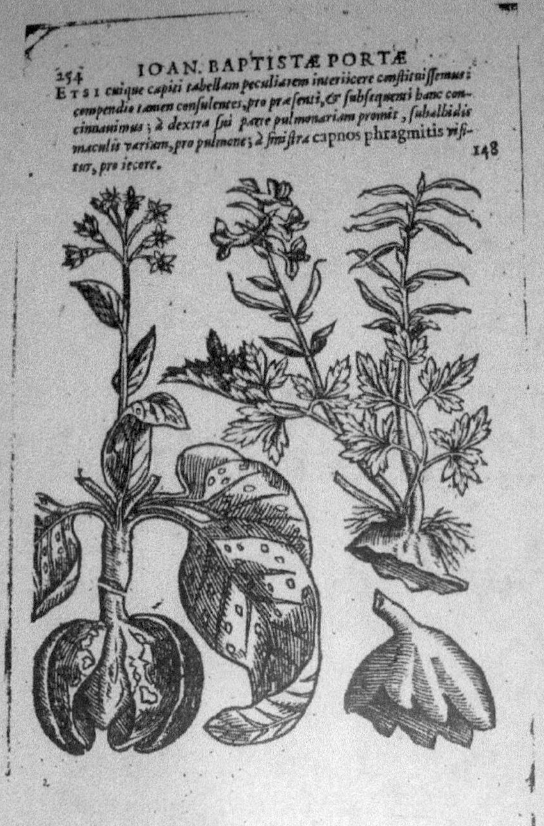
154 IOAN. BAPTISTÆ PORTÆ

ETSI cuique capiti tabellam peculiarem interiicere constituissemus: compendio tamen consulentes, pro præsenti, & subsequenti hanc concinnauimus; à dextra sui parte pulmonariam promit, subalbidis maculis variam, pro pulmone; à sinistra capnos phragmitis visitur, pro iecore.

148

GB della Porta *Phytognomonica*

Plantes évoquant un poumon et un foie

pulmonaria, capnos phragmitis

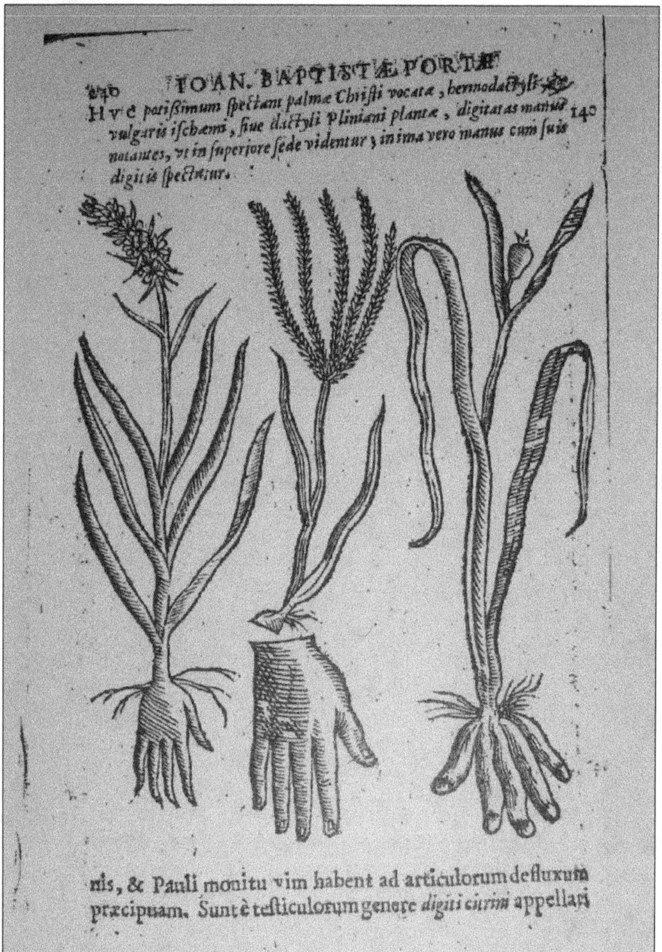

240 IOAN. BAPTISTÆ PORTÆ

HVC potissimum spectant palmæ Christi vocatæ, hermodactyli & vulgaris ischæmi, siue dactyli Pliniani plantæ, digitatas manus 140 notantes, vt in superiore sede videntur; in ima vero manus cum suis digitis spectantur.

nis, & Pauli monitu vim habent ad articulorum defluxum præcipuam. Sunt è testiculorum genere *digiti citrini* appellati

GB della Porta *Phytognomonica*

Plantes évoquant les doigts

palma Christi, hermodactylus, ischaemon

CHAPITRE 5

Les signatures biologiques et physiologiques

Alors que les signatures chromatiques et morphologiques sont relativement aisées à observer par tout un chacun, il en va tout autrement pour les signatures biologiques et physiologiques dont certaines plantes seraient porteuses. Leur détection suppose en effet de sérieuses connaissances scientifiques qui étaient parfaitement ignorées au XVIe siècle.

Quand la *Théorie des signatures* est proposée aux médecins et aux botanistes pour faciliter la recherche des plantes médicinales et celle de leurs propriétés thérapeutiques, les principaux domaines d'étude de la physiologie végétale n'ont guère été prospectés. Si les questions qu'elle soulève sont bien posées, les réponses qui y sont apportées ne sont pas convaincantes. Faute de moyens de recherche performants, elles reposent le plus souvent sur les écrits des Anciens qui servent de référence, les rapports relatant la guérison de certaines maladies constatée après de nombreuses expérimentations sur les malades, les comptes rendus qui font état des controverses entre médecins sur la réalité de ces mêmes guérisons, suscitant un doute salutaire incitant à poursuivre les expériences afin de valider les résultats obtenus. Mais il ne s'agit là que d'études de botanique appliquée qui ne portent que sur les vertus curatives de certains végétaux alors que les recherches de botanique fondamentale restent balbutiantes.

L'étude proprement dite de la vie des plantes reste délaissée : leur nutrition, leur reproduction, végétative ou sexuée, leur croissance et leur développement, la fonction de leurs différents éléments, leurs relations avec leur environnement sont autant de sujets de recherche qui ne seront abordés que longtemps après que la *Théorie des signatures* ait fait son apparition et ait été divulguée.

Sans doute, les cycles végétatifs aisément observables, avaient-ils attiré l'attention des plus curieux d'entre les botanistes, de même que la longévité plus ou moins grande des espèces végétales et l'existence de plantes annuelles, bisannuelles et vivaces, mais ceux-ci étaient dans l'incapacité d'expliquer pourquoi la vie des plantes s'organisait ainsi.

Nous limiterons ici notre propos au thème de la sexualité et de la reproduction des plantes et à l'interprétation qu'en ont faite les auteurs de la *Théorie des signatures* pour y percevoir des signes susceptibles de révéler des propriétés cachées pouvant être bénéfiques ou non au genre humain.

Une conception ancienne de la sexualité des plantes et de leur reproduction

La reproduction des plantes a suscité l'intérêt des philosophes et des botanistes dès l'Antiquité. Certains, comme Aristote à la suite d'Empédocle, un des principaux philosophes présocratiques, avaient imaginé que celle-ci s'opérait par génération spontanée ; d'autres ne concevaient pas les végétaux comme des êtres totalement dépourvus de sexe, mais comme des êtres bisexués. Ils n'avaient toutefois aucune explication à avancer sur le processus de fécondation qui précède leur apparition sur terre. N'ayant aucune idée de la reproduction sexuée chez les plantes et de la fonction de la fleur dans les processus de fécondation chez les phanérogames, et *a fortiori*, de l'existence de plantes monoïques et de plantes dioïques, ils avaient avancé l'idée que leurs caractéristiques extérieures permettaient de déterminer leur sexe, comme chez les humains. Mais, dans l'incapacité de distinguer les organes sexuels mâles des organes sexuels femelles, ils établirent leur distinction à partir d'autres critères : ils considérèrent, par exemple, que la plante mâle était celle qui était la plus robuste, la plus rugueuse, la plus hérissée de poils alors que la plante femelle était celle qui paraissait la plus faible, la plus lisse, la plus glabre, et toutefois la plus apte à porter des fruits. En s'attardant sur le cas de la fécondation du palmier dattier où il distingue le rôle qu'y jouent respectivement l'arbre mâle et l'arbre femelle, Théophraste semble toutefois avoir pressenti comment fonctionnait la sexualité végétale, mais il n'a pas approfondi ce que lui suggéraient ses observations. En revanche, il adoptera un processus de distinction des végétaux qui perdurera longtemps entre plantes mâles et plantes femelles, fondé non pas sur le sexe, mais sur les attributs conçus comme propres au genre. Ainsi, se perpétuera une répartition des plantes établie sur des couples d'opposés associés à la sexualité et communément partagés par les philosophes et les botanistes depuis l'Antiquité jusqu'aux Temps modernes. Nous en avons rappelé quelques exemples dans le tableau ci-dessous :

FEMININ	MASCULIN
Gauche	Droite
Froid	Chaud
Humide	Sec
Porte des fruits, fécond	Ne porte pas de fruits, stérile
Néfaste	Favorable
Malfaisant	Bienveillant
Couchant, Ouest	Levant, Est
Vie plus brève	Vie plus longue
Obscurité	Lumière
Nocturne	Diurne
Forme élancée	Forme courte, absence apparente de tige
Aspect gracile	Aspect robuste
Fragilité	Robustesse
Bois mou	Bois dur
Racine mince	Grosse racine
A consommer pour engendrer des filles	A consommer pour engendrer des garçons
Efficacité thérapeutique plus faible	Efficacité thérapeutique plus grande

La lente progression de la compréhension de la reproduction sexuée des végétaux

Si les naturalistes - philosophes, botanistes ou médecins - qui s'intéressèrent à la reproduction des plantes tout au long de cette période, avaient bien compris que la reproduction des plantes pouvait s'opérer par une multiplication végétative (greffage, bouturage, marcottage), ils ignorèrent en revanche tout de leur reproduction sexuée[4].

[4] Rappelons que d'un point de vue génétique, la reproduction végétative est un mode de multiplication asexuée qui génère de nouveaux individus possédant le même génome et qui sont par conséquent des clones alors que la reproduction sexuée donne de

Mais on ne saurait les en blâmer. Aussi longtemps en effet que les botanistes n'eurent pas disposé d'instruments d'observation et de procédés de dissection fine, permettant l'examen des structures organiques internes, leur compréhension de la fécondation des plantes ne pouvait progresser. Ainsi, par exemple, si Tournefort (1656 -1708) a bien pris la fleur comme critère de distinction pour proposer un système de classification des végétaux et s'interroge à cette occasion sur la sexualité des plantes, il n'en tire aucune conclusion certaine relative à la nécessité de la fécondation pour la reproduction végétale, ne considérant les étamines que comme des organes simplement excréteurs. La compréhension de celle-ci demandera de longues années de recherche, c'est-à-dire d'observations et d'expérimentations portant sur de nombreux végétaux.

Elle s'appuiera sur des descriptions de plus en plus précises des plantes dont Joachim Jung (1597 - 1657) avait montré l'exemple (cf *supra* chapitre 4) et plus particulièrement sur l'observation des différentes parties qui composent la fleur. Celle-ci conduira Grew à avancer l'hypothèse que les étamines sont les organes mâles des végétaux et Malpighi à établir une analogie entre l'utérus animal et l'ovaire des plantes. Mais si tous deux ont bien réussi à observer les grains de pollen, ils ne sont pas parvenus à déterminer leur rôle dans la reproduction sexuée des plantes. Il faudra attendre les expérimentations de Rudolf Jakob Camérarius et de Joseph Gottlieb Kölreuter pour que soit scientifiquement démontré le processus de la reproduction végétale sexuée.

En faisant référence à ses observations et ses expérimentations, notamment sur le mûrier (dioïque) et le ricin (monoïque), le médecin et botaniste Rudolf Jakob Camé-

---

nouveaux individus possédant un nouveau génome, mélange de celui des deux parents.

rarius (1665 1721) démontra que l'on peut distinguer une fleur mâle par la présence d'étamines, d'une fleur femelle par la présence de pistil (*De Sexu plantarum epistola*) (1694) et il en déduisit que les étamines et le pistil ont des fonctions distinctes : les premières sont l'organe organes mâle qu'il conçoit comme le seul responsable de la fécondation et le second est l'organe femelle qu'il perçoit comme ne jouant qu'un rôle passif celui d'un terrain fertile abritant la future graine. Ce qui le conduira à distinguer :

– Les plantes hermaphrodites où les organes mâles et femelles se trouvent réunis dans une même fleur, ce qui permet une autopollinisation.

– Les plantes monoïques où chaque pied possède des fleurs mâles (sans pistil) et des fleurs femelles (sans étamines), ce qui implique une pollinisation croisée, entre des fleurs issues du même pied ou de deux pieds différents.

– Les plantes dioïques où chaque pied porte uniquement des fleurs mâles (sans pistil) ou femelles (sans étamines).

Il restait à expliquer comment s'opérait la fécondation du pistil par les étamines et quelle était la fonction du pollen dans le processus.

Une première réponse à cette question fondamentale fut proposée par Joseph Gottlieb Kölreuter (1733 - 1806) qui fut le premier à élaborer une théorie de la pollinisation imputable pour l'essentiel aux insectes à la suite de ses expérimentations dont il publia les résultats entre 1761 et 1766.

Linné adoptera les conclusions que Camerarius et Kölreuter tirèrent de leurs travaux sur la sexualité des plantes et leur reproduction ainsi que l'utilisation du terme *pollen* dans son acception scientifique de « matière fécondante des végétaux » correspondant au sperme chez l'homme et les animaux.

Mais il faudra attendre la découverte du tube pollinique (en 1823) et celle de la double fécondation (1898-1899) pour que la reproduction sexuée des végétaux soit enfin totalement comprise et scientifiquement démontrée.

Ce n'est donc que bien tardivement que les découvertes de la fécondation et de la reproduction des végétaux mirent définitivement fin à la croyance en l'existence de plantes mâles et de plantes femelles. Celle-ci était en effet encore largement partagée lorsque la *Théorie des signatures* fut proposée par Paracelse.

Du sexe des plantes : plantes mâles et plantes femelles

Pour ceux qui étaient convaincus du bien-fondé d'une telle théorie, notamment pour Porta qui donne une liste des caractéristiques qu'il attribue aux plantes mâles et aux plantes femelles, une telle distinction revêt une grande importance, car, selon lui, les remèdes qui proviennent des plantes femelles seraient beaucoup moins efficaces que ceux qui sont issus des plantes mâles. En effet, il estime que chez ces dernières, la nourriture qu'elles ont absorbée leur a totalement profité, tandis que chez les plantes femelles, une partie de l'alimentation qu'elles ont consommée a été destinée non seulement à assurer leur propre croissance, comme chez les plantes mâles, mais aussi à fournir les éléments indispensables à la reproduction, ce qui revient à dire que c'est au détriment de leur développement. Selon lui, la Nature a donc fait un choix : une même nourriture, à quantité égale, ne peut être consacrée à la croissance et à la vigueur du végétal et, dans le même temps, à sa reproduction.

De plus, Porta estime que les plantes mâles conviennent pour soigner les maladies des hommes alors que les plantes femelles le sont pour celles des femmes et qu'elles sont même nuisibles pour les hommes.

Plantes et stérilité

Différentes plantes attirent l'attention par le fait qu'elles semblent se développer en l'absence de tige ou bien qu'elles ne donnent ni fleurs, ni graines. De telles particularités ne seraient-elles pas le signe qu'elles ont la propriété de provoquer la stérilité ?

Parmi celles-ci, nous avons retenu les suivantes :

– La laitue (lactuca) (*Lactuca sativa* L) (*Lactuca virosa* L) (Astéracées) Cf aussi *supra* p. 121.

Porta signale qu'elle est acaule c'est-à-dire dépourvue de queue et qu'on l'avait appelée *eunuque* pour cette raison, ce qui serait la signature de sa propriété : en effet, note-t-il, selon les Anciens, elle est anaphrodisiaque et provoque la stérilité. Ceux-ci avaient en effet attribué à la laitue la propriété d'entrainer une diminution de la fécondité chez ceux qui en consommaient, de donner naissance à des enfants dérangés ou insensés chez les femmes qui en avaient mangé durant leur grossesse et de rendre très indolents lors du coït car elle supprimait toute ardeur amoureuse chez ceux qui en consommaient souvent. Une telle céputation restera longtemps attachée aux propriétés de la laitue. Geoffroy lui-même se montre hésitant sur la question quand il note que « Quelques-uns ont soupçonné que les laitues diminuaient la semence et les feux de l'amour… Il est vrai, écrit-il, que les laitues n'excitent pas les feux de l'amour, au contraire, elles les diminuent, en tempérant les humeurs : mais elles ne les détruisent pas entièrement. Les gens mariés qui désirent avoir des enfants, ne les doivent point craindre, quoiqu'on conseille beaucoup à ceux qui vivent dans le célibat ou qui, étant mariés, sont incommodés des feux de la concupiscence qui les consumerait en les desséchant. » Cazin juge la laitue émolliente, calmante, antispasmodique, diurétique et légèrement hypnotique. Et il s'amuse de la sa réputation d'anaphrodisiaque. « Les Anciens, écrit-il, croyaient que la laitue avait une propriété déprimante sur la puissance génératrice et qu'elle était nuisible à la fécondité. Ce préjugé s'est répandu chez les peuples modernes, et bien des gens se méfient encore de la laitue comme du nénuphar. Il suffit, pour se rassurer à cet égard, de voir les villageois manger tous les soirs une ample salade de laitue au milieu d'une nombreuse famille. »

– La fougère (filix) (*Dryopteris filix mas* (L) Schott) (Drioptéridacées)

Selon Porta, cette plante n'a ni tige, ni fleurs, et cette particularité lui parait être une signature indiquant qu'elle peut provoquer la stérilité et surtout l'avortement. Il note qu'on la donne aux femmes enceintes pour les faire avorter et qu'elles peuvent même rendre les femmes totalement stériles. Il rappelle qu'on croyait que sa puissance abortive était telle que si une femme enceinte se risquait à enjamber une fougère, elle avorterait. Geoffroy note que la fougère passe pour être contraire aux femmes grosses et capable de procurer l'avortement. Cazin rapporte qu'on a employé la souche de la fougère mâle comme adoucissante, tonique et astringente, qu'elle a été employée contre la goutte, le rachitisme, le scorbut, les embarras viscéraux et qu'on a été jusqu'à lui attribuer la propriété d'activer la sécrétion de lait, de rappeler l'écoulement des règles et de provoquer l'expulsion du fœtus. En médecine populaire la fougère mâle avait la réputation d'être un vermifuge et même un ténifuge efficace (Amir). La fougère mâle renferme de la filicine brute, qui donne différents composants actifs (aspidinol, albaspidine, phloraspine, acide filicinique) ; elle est toxique et anthelminthique (Schauenberg et Paris). Ces propriétés ne semblent pas avoir été validées par des travaux récents.

– La sabine (sabina) (*Juniperus sabina* L) (Cupressacées) Cf aussi *supra* p. 192.

Porta note que cette plante qui lui parait n'avoir ni fleur, ni fruit, signale ainsi ses propriétés abortives, et il précise qu'elle provoque effectivement la mort du fœtus et son expulsion. Geoffroy en distingue deux espèces l'une qu'il appelle sabinier à feuilles de tamaris ou sabine mâle ou stérile qui semble n'avoir ni fleurs ni fruits, l'autre à feuilles de cyprès ou sabinier femelle. Il rappelle que « c'est le sabinier mâle qui est le plus employé en médecine. Il excite les mois aux femmes et hâte l'accouchement et la sortie de l'arrière-faix. Mais cette plante pousse les mois avec tant de violence, qu'il suffit quelquefois d'en mettre dans sa chaussure pour se procurer les règles ; elle peut faire sortir le fœtus de la matrice. Les femmes ou les filles qui sont assez malheureuses pour user de ce remède afin de se procurer l'avortement, périssent quelquefois par une hémorragie qui tue la mère et l'enfant. » Cazin note de son côté « que la sabine est puissamment excitante, provoque des irritations de la peau, administrée à l'intérieur peut déterminer l'inflammation ou des hémorragies redoutables, provoquer l'expulsion du fœtus et donner lieu à des accidents qui mettent la vie de la mère en danger. » Et il mentionne à l'appui, un cas d'avortement mortel. La sabine a aussi été utilisée comme vermifuge et ténifuge, dans les rhumatismes chroniques et la goutte. Cette plante toxique doit ses propriétés détersives, vermifuges, emménagogues à son huile essentielle riche en citronellol, géraniol, sabinol et en sabinène. Le genévrier savinier est inscrit dans la Pharmacopée française (2016) (liste B des plantes médicinales utilisées traditionnellement en l'état ou sous forme de préparation dont les effets indésirables potentiels sont supérieurs au bénéfice thérapeutique attendu avec indication de la tige feuillée comme partie de la plante utilisée)

Plantes et fécondité

Selon Porta, l'abondance des graines que l'on peut distinguer à l'intérieur de certains fruits ainsi que le grand nombre de racines ou encore le suc d'un blanc laiteux que l'on peut observer sur certaines plantes sont des signatures par lesquelles ces dernières signalent qu'elles ont la propriété de faciliter la conception, en augmentant la quantité de sperme chez l'homme.

Parmi elles, on peut citer :

– Le chardon Roland ou panicaut ou herbe aux cent têtes (eryngium) (*Eryngium campestrs* L) (Apiacées).

C'est sa racine qui a été perçue comme ayant la forme d'un pénis, et, de ce fait, comme l'évidente signature de ses propriétés aphrodisiaques. Geoffroy note que « sa racine est longue d'un pied, de la grosseur du doigt, molle et tendre ayant en son milieu un nerf solide. Cette racine excite aussi doucement à l'amour et c'est pour cette raison qu'on l'emploie ou fraîche ou confite, mêlée avec plusieurs remèdes contre l'impuissance. » Cazin rappelle seulement qu'on l'emploie comme diététique dans l'hydropisie, la gravelle, l'ictère, les engorgements des ictères abdominaux. La racine contient des saponosides. De telles propriétés demanderaient à être validées par des essais cliniques.

– L’orchidée (satureia) (*Orchis macula* L) (Orchidacées).

C’est davantage l’abondante et remarquable floraison plutôt que la racine double ou la capsule remplie d’une multitude de graines qui a été perçue par Porta comme la signature de ses propriétés : elle stimulerait au coït ceux qui sont impuissants, d’où son nom qui évoque un satyre. C’est pourtant la forme de son tubercule double, assez aisément comparable à des testicules qui a valu à l’orchidée, dès l’Antiquité, sa réputation de plante aphrodisiaque. Lémery note que « le *sathyrium* [ou *saturea*] est une espèce de gros orchis ou une plante dont les feuilles sont larges, grasses, presque semblables à celles du lys. Sa tige croit à la hauteur de plus d’un pied, anguleuse, portant à sa sommité beaucoup de fleurs disposées en épi, de couleur rouge tirant sur le purpurin, marqueté de points purpurins ; ses racines sont deux bulbes pendantes en forme de testicules, une desquelles est grosse et bien nourrie ; l’autre est plus petite et ridée ; elles sont toutes deux couvertes en dessus par des fibres. Elle est propre pour exciter la semence et pour disposer à la conception, étant mangé confite ou prise en poudre, depuis un scrupule jusqu’à une dragme. » Cazin note que l’on emploie cette plante comme aliment en gelée (ou salep) et que ce dernier, « adoucissant et restaurant, convient dans les irritations de la poitrine, la phtisie, l’hémoptysie, la fièvre hectique, le marasme, l’épuisement provoqué par l’abus des plaisirs vénériens, par de grands travaux, par une diète prolongée. » L’orchidée n’est plus perçue de nos jours comme un remède.

– Le pissenlit dent de lion (dens leonis) (*Taraxacum* L) (Asteracées) Cf aussi *supra* p. 111.

La couleur blanchâtre du latex du pissenlit ne manque pas d'attirer l'attention de Porta qui y voit une ressemblance avec celle du sperme et, par suite la signature de la propriété du pissenlit à en augmenter la sécrétion. L'attribution d'une telle vertu à cette plante n'est pas mentionnée dans les ouvrages de *Matière médicale* de son temps, bien au contraire ! Ainsi, par exemple, selon Matthiole, « son jus est fort profitable à qui la semence découle » et selon Lieutaud qui note dans son *Précis de la Matière médicale* (1768) que « le pissenlit prévient le retour des pollutions nocturnes ». Quant à Cazin, il indique seulement que le pissenlit est tonique, diurétique, antiscorbutique, dépuratif et qu'il est surtout consommé en salade. Il était aussi employé en médecine populaire comme cholagogue, bon pour le foie et la jaunisse, purgatif et en usage externe, pour faire disparaître les verrues et les taches de rousseur (Amir). Aujourd'hui, les données pharmacologiques sur cette drogue sont quasiment inexistantes. Sur la base de la tradition, racines et feuilles sont utilisées comme « cholérétique et cholagogue et pour favoriser l'évacuation rénale de l'eau » (Bruneton). Le pissenlit dent de lion (*Taraxacum officinale* Web) est inscrit dans la Pharmacopée française (2016) (avec l'indication de la feuille et de la partie aérienne comme partie utilisée de la plante).

– La roquette (eruca sylvestris) (*Eruca vesicaria* (L) Cav. ssp *sativa* (Mill) Thell) (Brassicacées)

C'est parce qu'elle a de nombreuses tiges ainsi qu'un grand nombre de « petites cornes » (*i e* des fruits en silicules) sur ses tiges qu'elle a été sélectionnée par Porta pour figurer parmi les plantes qui portent la signature de la fécondité. Selon Geoffroy, elle augmente le sperme et passe pour un puissant aphrodisiaque. « La roquette, écrit-il, est d'une nature toute différente de la laitue ; c'est pourquoi les Anciens avaient coutume de les mêler dans les aliments, afin d'égaler la chaleur et le froid… Car non seulement, selon le témoignage des médecins, mais encore des poètes, elle porte à l'amour. Toutes les parties de cette plante étant mangées excitent l'appétit, aident à la digestion, dissolvent les matières gluantes qui séjournent dans l'estomac ; c'est pourquoi on la recommande dans le dégoût et l'indigestion. Elles excitent l'urine, qu'elles rendent plus âcres, et, par conséquent, elles irritent légèrement les parties destinées à la sécrétion et à l'évacuation de l'urine et de la semence ; c'est pourquoi on l'emploie dans les compositions destinées à réveiller l'amour ; mais elles ne conviennent pas aux bilieux et aux tempéraments chauds, ni à ceux dont l'estomac est brûlant. » Cazin note qu'elle est excitante, antiscorbutique, diurétique et pourrait dans certaines circonstances, remplacer l'ipécacuanha. Il ajoute que la semence peut servir, étant pulvérisée, pour rubéfier la peau. Elle n'est plus utilisée de nos jours à des fins thérapeutiques.

*

* *

Les quelques plantes porteuses de signatures physiologiques que nous avons mentionnées dans ce chapitre passaient pour avoir des propriétés susceptibles d'agir sur la stérilité ou la fécondité des hommes et des femmes selon la *Théorie des signatures* soit parce qu'elles n'avaient ni fleurs ni graines ou des tiges extrêmement courtes, soit parce qu'elles produisaient un latex dont la couleur et la consistance pouvaient être comparées à celles du sperme.

Or, c'est à leur morphogénèse que les premières doivent de telles particularités qui n'ont donc aucune relation avec la présence d'un ou plusieurs principes actifs qui auraient pour effet de détruire les propriétés du sperme.

Quant aux secondes, leur latex ne semble posséder aucun principe actif susceptible d'avoir un effet quelconque sur l'augmentation de la production de sperme et par suite de favoriser la fécondité et la reproduction. Les unes et les autres ne paraissent avoir aucune action positive ou négative sur la spermatogénèse au regard des connaissances scientifiques actuelles portant sur le nombre et la nature des principes actifs qu'elles contiennent.

CONCLUSION

Si la *Théorie des signatures* a fait l'objet de contestations de la part de botanistes et de médecins peu après sa diffusion, les arguments que ceux-ci ont développés pour justifier leur point de vue reposaient essentiellement sur des raisonnements logiques, qu'ils ont parfois jugé utile de compléter par quelques comptes rendus d'expérimentations pratiquées sur des malades, afin de démontrer que la théorie était erronée et que les propriétés attribuées aux plantes porteuses de signatures étaient inexistantes.

Une compréhension plus approfondie de la vie des plantes qui a été rendue possible par les nombreuses découvertes scientifiques en biologie et en physiologie végétales obtenues depuis le XVIIIe siècle et qui ne cessent de progresser encore de nos jours, nous autorise aujourd'hui à étayer plus solidement les critiques que soulève cette théorie.

Elles nous ont permis de souligner toute l'importance qu'il fallait accorder à la découverte des pigments et à la pollinisation des plantes pour comprendre et démontrer que les signatures chromatiques étaient sans aucune relation avec les vertus curatives des végétaux. Nous leur devons également d'avoir pu mettre en évidence que la découverte de la structure des cellules, de la morphogénèse, de la fonction des métabolismes primaires et secondaires et de la localisation des principes actifs au sein du végétal permettait de dénier toute relation entre les signatures morphologiques et biologiques dont certains végétaux seraient porteurs et leurs propres vertus thérapeutiques.

Dans le cadre restreint de ce court essai, notre démonstration ne pouvait toutefois guère n'être qu'esquissée. En effet, notre analyse n'a porté que sur une partie de la *Flore médicale des signatures* et elle devrait être étendue à la totalité des plantes qui composent cette dernière. En outre, les notices que nous avons consacrées aux quelque quatre-vingt plantes supposées porteuses de signatures demanderaient à être complétées. Il conviendrait notamment :

– D'y préciser les caractéristiques des sites où elles poussent, en particulier la composition de leur sol, les conditions climatiques locales auxquelles ils sont soumis ainsi que leur orientation et leur exposition au soleil et au vent.

– D'y citer la liste exhaustive des principes actifs présents dans la plante ainsi que leur localisation précise à l'intérieur de celle-ci (feuilles, fleurs, racines, graines…)

– D'y indiquer la durée de conservation des principes actifs répertoriés, leur efficacité étant limitée dans le temps, une plante récoltée depuis plus de deux ans étant généralement dépourvue de tout effet curatif.

– D'y mentionner -autant que faire se peut- les références exactes des comptes rendus des essais cliniques réalisés sur chacun des principes actifs identifiés pour traiter une maladie définie avec précision, permettant de juger ainsi de sa réelle efficacité thérapeutique.

– D'y rappeler, chaque fois que possible, les pratiques de la médecine populaire, recueillies au cours d'enquêtes ethnobotaniques rigoureuses, l'expérience accumulée au fil des siècles tendant à prouver l'efficacité thérapeutique d'une plante pour traiter une affection clairement identifiée, pouvant être considérée dans une large mesure, comme ayant valeur de test probant.

Or, de telles précisions se révèlent particulièrement difficiles à réunir. Un nombre relativement restreint de plantes n'ont d'ailleurs pas fait l'objet de telles recherches à ce jour. Et, quand elles ont été pratiquées, la publication de leurs résultats n'est pas toujours facilement accessible. C'est ainsi qu'encore aujourd'hui trop d'hypothèses non vérifiées sur les vertus des plantes médicinales continuent toujours d'être avancées comme validées, alors qu'elles ne le sont pas. Un manque de rigueur scientifique qu'on ne peut que déplorer.

Il nous reste à espérer que notre propos incitera quelques chercheurs curieux et patients à poursuivre nos propres investigations, et à compléter ainsi notre essai pour démontrer qu'au regard de la Science, la *Théorie des signatures* ne reste qu'une hypothèse imaginaire, qui aura néanmoins parfois servi, souvent à tort, de moyen mnémotechnique à ceux qui craignaient d'oublier les vertus supposées d'une plante… Ce qui aura du moins épargné à ce « système extravagant » de tomber définitivement dans l'oubli.

INDEX DES NOMS DES PLANTES CITÉES

BIBLIOGRAPHIE

Adelon N P, Béclard P-A, Biett L-Th., 1832 -1846, *Dictionnaire de Médecine ou Répertoire général des Sciences médicales,* (21 vol.), Paris, Béchet

Adelon, N. P, Chaumeton F. P., Mérat de Vaumartoise F. V. 1782-1862, *Dictionnaire des Sciences médicales*, (58 vol), Paris, Panckoucke

Alexandre Dom Nicolas, 1716, *Dictionnaire botanique et pharmaceutique*, Paris, Veuve Lecomte

Amir M., 1998, *Les cueillettes de* confiance, Mane, Les Alpes de Lumière

2010, *Vieux Remèdes de nos Grands-Mères*, Rennes, Ouest France

Bain E. et Thomassin P., 2013, *Des plantes et des hommes dans le Mercantour*, Puget-Rostang, Roudoule écomusée

Bastien *Dictionnaire botanique et pharmaceutique*, 1802, Paris, Ouvrage collectif édité par J.F. Bastien

Baumé M., 1773, *Eléments de Pharmacie théorique et pratique*, Paris, chez Samson

Blamey M., 2006, *Les fleurs sauvages par couleurs,* Paris, Flammarion

Blay M et Halleux R., 1998 *La Science classique XVI*^e^ *- XVIII*^e^ *siècle*, Flammarion

Bonnelle C., Nouallet J-C., 1993 *Des Hommes et des Pantes*, Parc naturel régional du Vercors

Boullard B., 2001, *Plantes médicinales du Monde*, Paris, Editions ESTEM

Bruneton J., 1993, 5 ème éd. 2017, *Pharmacognosie. Phytochimie, Plantes Médicinales*, Paris, Technique et Documentation, Lavoisier

1996, rééd. 2005 *Plantes toxiques*, Paris, Technique et Documentation, Lavoisier

2002, rééd 2012 *Phytothérapie, Les données de l'évaluation*, Technique et Documentation, Lavoisier

Bryan G Bowes, 1996, (version française par Gauthier L. 1998, *Structure des plantes*, Paris, INRA

Bell A., 1993, *Les plantes à fleurs, Guide morphologique*, Paris, Masson

Busser C. et E., 2005 *Les plantes des Vosges, Médecine et Traditions populaires*, Strasbourg, La Nuée Bleue

Camefort H., 1981 *Morphologie des végétaux vasculaires,* Paris, Doin

Cazin F J., 1868, *Traité pratique et raisonné des plantes médicinales indigènes,* Paris, Asselin

Chabert A. 1986, *Plantes médicinales et comestibles de Savoie*, Challes les Eaux, Curanda

Chamovitz D., 2014, *La plante et ses sens,* Paris, Libella

Charas M. 1676, *Pharmacopée royale galénique et chimique*, Paris, D'Houry

Chast F., 2002, *Histoire contemporaine des médicaments*, Paris, Éditions La Découverte

Chaumeton F. P., 1814 - 1820, *Flore médicale*, (8 vol), Paris, Panckoucke

Chomel P. J.B., 1712, *Abrégé de l'histoire des plantes usuelles* (3 vol.) Paris, chez Clouzier

Col de Vilars E., 1753, *Dictionnaire François-Latin des Termes de Médecine et de Chirurgie* Paris

Commission E : The Complete German Commission E Monographs : Therapeutic Guide to Herbal Medicines,

1998, édité sous la direction de Mark Blumenthal par : The American Botanical Council, États-Unis

Compain M., 1939, *Guide de l'Herboriste-Droguiste*, Limoges, Editions Compain

Crosnier C., 1998, *La cueillette des Savoirs*, Parc naturel régional du Morvan

Daugey F., 2015, *Les plantes ont-elles un sexe ?* Paris, Ulmer

Davy de Virville A., *De l'influence des idées préconçues sur les progrès de la botanique du XVe au XVIIIe siècle. Revue d'histoire des sciences et de leurs applications*, 1957, Tome 10 n°2. pp. 110-119.

Debus A. G. 1997, *La médecine chimique* in Grmek M.D. (dir.), *Histoire de la pensée médicale en Occident, Tome 2, De La Renaissance aux Lumières*, Paris, Seuil

Dictionnaire portatif des Arts et Métiers, 1767 (2 vol), Paris, chez Lacombe.

Diderot D., et d'Alembert J. le Rond, 1751-1772, *Encyclopédie ou Dictionnaire raisonné des Sciences et des Métiers*, Paris

Dolivo A., 2010, *Pantes médicinales du monde,* Lausanne, Rossolis, Musée botanique cantonal

Dubois J. (dit Sylvius), 1574, trad.1580. *La pharmacopée qui est la manière de bien choisir et préparer les simples*, Lyon, Louis Cloquemin

Dubray M., 2010, *Guide des contre-indications des Plantes Médicinales*, Saint-Paul, Editions Lucien Souny

Dubuisson M J., 1802, *Plantes usuelles indigènes et exotiques décrites ou indiquées par Chomel* (dessinées au nombre de 650), Paris Duprat-Duverger

Ducerf G., 2005 - 2013, *Plantes Bio-indicatrices* (3 vol), Briant, Editions Promonature

Fleurentin J., 2007, *Les plantes qui nous soignent Traditions et Thérapeutique*, Rennes, Ouest France

2008, *Plantes médicinales, Traditions et Thérapeutique*, Rennes, Ouest France
2011, *Des plantes toxiques qui soignent*, Rennes, Ouest France
2017, *Du bon usage des plantes qui soignent*, Rennes, Ouest France
Fournier P., 1948, *Le Livre des plantes médicinales et vénéneuses de France* (3 vol), Paris, Lechevalier
Friley J., *Les simples et autres plantes médicinales* Conservatoire National des Plantes à Parfum, Médicinales, Aromatiques et industrielles de Milly-la-Forêt
Garcia M., 2002, *Couleurs végétales. Teintures, pigments et encres*, Saint Rémy de Provence, Edisud
2007, *De la Garance au Pastel : L'herbier des plantes tinctoriales*, Edisud
Garnier B., Hocquet J.C., Woronoff D., 1989. *Introduction à la Métrologie historique* Economica
Garnier G. Bézanger-Beauquesne L. Debraux G., 1961 *Ressources médicales de la Flore, Française* (2 vol), Paris, Vigot Frères
Garsault s d, *Les figures des plantes et animaux d'usage en Médecine décrites dans la Matière Médicale de M Geoffroy dessinées d'après nature par M de Garsault*, Paris, Chez l'auteur
Geoffroy E. F., 1757. *Traité de La Matière Médicale,* (10 vol.), Paris, Desaint et Saillant
Gerth van Wijk H L., 1909 - 916, rééd. 1971, *A Dictionary of Plant-Names*, Amsterdam, Asher
Gigon F., 2009, *La vérité sur ces plantes qui soignent*, Paris, L'Express
Grew N., 1675, *Anatomie des plantes* (traduction française), Paris, chez Lambert
Guillot G., 2010, *La planète fleurs*, Versailles, Éditions Quae
Hooke R., 1667, *Micrographia*, London, John Martyn

Hopkins W., 2003, *Physiologie végétale* (traduction française), Bruxelles, De Boeck Université
Judd W., Campbell C., Kellog E., Stevens P., 2002, *Botanique systématique* (traduction française), Bruxelles, De Boeck Université
Larrère R., Martin de la Soudière, 1987, *Cueillir la Montagne,* Lyon, La Manufacture
Leclerc H., 1927, *Précis de Phytothérapie* Paris, Masson
Lémery N., 1698, rééd 1760, *Dictionnaire universel des drogues simples*, Paris, chez D'Houry
1697, *Pharmacopée universelle*, Paris
Lieutaghi P., 2009, *Badasson*, Arles, Acte Sud
1996, *Le Livre des Bonnes herbes*, Arles, Acte Sud
2004, *Le Livre des arbres, arbustes et arbrisseaux*, Arles, Actes Sud
Littré E., 1884, *Dictionnaire de Médecine*, Paris, Baillière
Malpighi M., 1675, *Anatome Plantarum*, Londres, J. Martyn.
Mauss M., 1902-1903, *Esquisse d'une théorie générale de la magie*, Paris, Année sociologique, rééd. 1950, in *Sociologie et Anthropologie*, Paris, Quadrige Puf
Meyer S., Reeb C., Bosdeveix R., 2004, *Botanique, Biologie et Physiologie végétale*, Paris, Maloine
Mérat de Vaumartoise FV., De Lens A.J., 1831, *Dictionnaire universel de Matière Médicale et de Thérapeutique générale*, Paris, J-B. Baillière, Méquignon-Mauvis,
Meurdrac M., 1666, *La Chymie charitable et facile en faveur des Dames,* Paris, L. d'Houry
Morange M., 2003, *Histoire de la biologie moléculaire*, Paris, Éditions La Découverte
Morel J.M., 2008, *Traité pratique de Phytothérapie*, Paris, Grancher
Murray N., 2008, *Biologie végétale* (traduction française), Paris, Pearson Education France

Nultsch W., 1998, *Botanique générale* (traduction française), Bruxelles, De Boeck Université

Palaiseul J., *Nos grands-mères savaient,* Paris, Robert Lafont

Paris R., R., Moyse H., 1971, *Matière Médicale*, Paris, Masson

Pastoureau M., Simonet D. 2014, *Le petit livre des couleurs*, Paris, Éditions du Panama

Pharmacopée française (2016), Paris, ANSM

Porta J.B., 1650, *Phytognomonica*, Rouen, Berthelin

Raven P., Evert R., Eichhorn S., 2000, *Biologie végétale* (traduction française), Bruxelles, De Boeck Université

Raynal-Roques A., 1994, *La Botanique redécouverte*, Paris, Belin, Inra Éditions

Rolland E., 1896-1914 (11 vol.), rééd. 1967, *Flore populaire ou Histoire naturelle des plantes dans leurs rapports avec la linguistique et le folklore*, Paris, Maisonneuve et Larose

Schauenberg P. Paris F., 1977, *Guide des plantes médicinales*, Paris, Dalachaux et Niestlé

Spichiger, R. E, Savoleinen V., Figeat M., Jeanmonod D., 2002, *Botanique Systématique des plantes à fleurs*, Lausanne, Presses polytechniques et universitaires romandes

Tassin J. 2016, *A quoi pensent les plantes ?* Paris, Odile Jacob

Thévenin T., 2009, *Les plantes sauvages*, Lucien Souny 2013 *Plaidoyer pour l'herboristerie*, Domaine du Possible, Actes Sud

Tison J. M. et de Foucault B., 2014, *Flora Gallica*, Mèze, Biotope Editions

Valmont de Bomare J.C., 1764 -1800, *Dictionnaire raisonné universel d'Histoire naturelle*

Valnet J., 1972, rééd. 1983, *Phytothérapie*, Paris, Maloine

Vannier L. et Poirier J., 1993, *Précis de Matière médicale homéopathique*, Editions Boiron
Vidal édit. 2010, *Phytothérapie, La Santé par les Plantes*, (ouvrage collectif) Bagneux, Sélection du Reader's Digest

On pourra compléter cette liste d'ouvrages par celle que nous avons publiée dans la Bibliographie de notre *Flore médicale des signatures* (L'Harmattan 2016).

On pourra aussi consulter sur le web :

– le site de l'Agence nationale de sécurité du médicament et des produits de santé (ANSM) (http://www.ansm.sante.fr) où sont publiées les « monographies françaises des substances d'origine végétale » ainsi que listes A et B des plantes médicinales.

– le site de l'European Medecines Agency (http://www.ema.europa.eu) où sont publiés les avis du Comité spécifique pour les médicaments à base de plantes (Committee on Herbal Medicinal Products (HMPC) qui portent sur un certain nombre de plantes sous la rubrique Herbal medicines for human use.

– l'encyclopédie en ligne de la Phytothérapie (www.wikiphyto.org/wiki/accueil) fondée par le Dr Michel Morel

– les monographies de la Commission E allemande – qui portent sur 360 plantes - peuvent être consultées à partir du site suivant : buecher.heilpflanzen-welt.de (en allemand) ainsi que sur le site de l'American Botanical Council (en anglais) :
http://cmsherbalgram.org/commissione

Phytognomonica

IO. BAPTISTÆ PORTÆ NEAPOL.

Octo libris contenta;

IN QVIBVS NOVA, FACILLIMAQVE AFFERTVR METHODVS, qua plantarum, animalium, metallorum; rerum denique omnium ex prima extimæ faciei inspectione quiuis abditas vires assequatur.

ACCEDVNT AD HAEC CONFIRMANDA infinita propemodum selectiora secreta, summo labore, temporis dispendio, & impensarum iactura vestigata, explorataque.

Nunc primùm ab innumeris mendis, quibus passim Neapolitana editio scatebat, vindicata; cum RERVM & VERBORVM Indice locupletissimo.

FRANCOFVRTI,
Apud Nicolaum Hoffmannum, Impensis Ionæ Rhodii.
M. DC. VIII.

ABRÉGÉ DE L'HISTOIRE DES PLANTES USUELLES,

DANS LEQUEL ON DONNE

Leurs Noms différens, tant françois que latins; la Manière de s'en servir; la Dose & les principales Compositions de Pharmacie dans lesquelles on les emploie.

Par feu PIERRE-JEAN-BAPTISTE CHOMEL, Docteur-Régent & ancien Doyen de la Faculté de Médecine de Paris, Conseiller-Médecin ordinaire du Roi, Associé vétéran de l'Académie royale des Sciences.

NOUVELLE ÉDITION.

A PARIS,
CHEZ LES LIBRAIRES ASSOCIÉS.

M. DCC LXXXII.

AVEC APPROBATION, ET PRIVILÈGE DU ROI.

DICTIONAIRE

OU

TRAITÉ UNIVERSEL

DES

DROGUES SIMPLES.

Où l'on trouve leurs differens noms, leur origine, leur choix, les principes qu'elles renferment, leurs qualitez, leur étymologie, & tout ce qu'il y a de particulier dans les Animaux, dans les Vegetaux, & dans les Mineraux.

Ouvrage dépendant de la PHARMACOPE'E UNIVERSELLE.

Par NICOLAS LEMERY,

de l'Academie Royale des Sciences, Docteur en Medecine.

TROISIEME EDITION.

Revûe, corrigée, & beaucoup augmentée par l'Auteur,

Avec des Figures en Taille douce.

A AMSTERDAM,

Aux Dépens de la COMPAGNIE.

MDCCXVI.

TRAITÉ
DE
LA MATIÈRE MÉDICALE,
OU
DE L'HISTOIRE
DES VERTUS, DU CHOIX
ET DE L'USAGE
DES REMEDES SIMPLES.

Par M. GEOFFROY, Docteur en Médecine de la Faculté de Paris, de l'Académie Royale des Sciences, de la Société Royale de Londres, Professeur de Chymie au Jardin du Roi, & de Médecine au Collége Royal.

*Traduit en François par M. *** Docteur en Médecine.*

NOUVELLE ÉDITION.

TOME CINQUIÈME.

TRAITÉ DES VÉGÉTAUX,

SECTION II.

DES PLANTES INDIGÈNES.

A PARIS,

Chez { DESAINT & SAILLANT, rue S. Jean de Beauvais.
G. CAVELIER, LE PRIEUR, } rue S. Jacques.

M. DCC. LVII.

Avec Approbation, & Privilége du Roy.

Santé et Médecine

aux éditions L'Harmattan

Dernières parutions

ALLO DOCTEUR, ICI LA MAMAN DE JULIEN
L'expérience d'un médecin des nourrissons et des enfants
Gardea Alexandre
Ce livre est né d'un désir et d'une question : le désir était d'être utile, la question était : comment faire ? Le pédiatre est confronté au défi d'un assemblage parfois complexe entre les désirs des parents et l'expression de l'enfant. La période ici choisie va de 0 à 3 ans, l'entrée en maternelle, qui marque la fin de l'exclusivité parentale. C'est donc l'expérience de ce métier, construite par la confrontation à des questions, des soucis, des peurs, qui a construit la trame de cet ouvrage.
(15.00 euros, 136 p.)
ISBN : 978-2-343-12516-9, ISBN EBOOK : 978-2-14-004189-1

MÉDECINE DU CORPS, MÉDECINE DE L'ÂME
Boudon-Millot Véronique, Bourgeois Bernard, de Ladoucette Olivier, Reber Bernard, Sarfati Georges-Elia
De Galien de Pergame, héritier d'Hippocrate, à Victor Frankl, père de la « logothérapie », en passant par Freud ou Ostad Elahi, une question court à travers les âges : celle d'une santé, et donc d'une médecine et d'une thérapie, qui prendraient en vue l'homme tout entier, « corps et âme ». Ainsi, quels sont les facteurs psychologiques et spirituels du bien être et de la longévité ? Qu'est-ce qu'une « maladie de l'âme » ? Telles sont quelques-unes des questions sur lesquelles se penchent ensemble les intervenants de cette journée.
(Coll. Journées de la solidarité humaine, 18.00 euros, 168 p.)
ISBN : 978-2-343-12693-7, ISBN EBOOK : 978-2-14-004335-2

ESTHÉTIQUE & PSYCHIATRIE
Godefroy Michel
Cet ouvrage établit l'hypothèse selon laquelle l'esthétique et son conflit primaire, considérés comme un choc fondateur de l'appareil psychique, pouvaient jouer un rôle dans la psychopathologie des troubles mentaux. Après une première partie établissant les bases de l'hypothèse, celle-ci voit son illustration dans la seconde partie qui étudie les principaux syndromes de la clinique psychiatrique. Une nouvelle approche de l'esthétique et de la psychiatrie est alors ouverte.
(Coll. Eidos série Retina, 21.50 euros, 208 p.)
ISBN : 978-2-343-12739-2, ISBN EBOOK : 978-2-14-004308-6

LA PSYCHANALYSE ET LES RÉANIMÉS
Les vêtir de paroles
Gazengel Joseph
La réanimation naissante a rencontré l'auteur, médecin, dès le début de sa pratique de l'hôpital, puis ils ne se sont guère quittés. Même la retraite ne les a pas tenus longtemps séparés, puisqu'elle l'a bientôt rattrapé dans l'expérience personnelle de la maladie. Cet ouvrage offre une lecture ciselée au scalpel du monde de la maladie et de l'hôpital, tant du point de vue du malade que de celui du médecin.
(Coll. Clinique psychanalytique et Institution, 16.00 euros, 146 p.)
ISBN : 978-2-343-12496-4, ISBN EBOOK : 978-2-14-004161-7

PSYCHIATRIE ET INTERDISCIPLINARITÉ
Marchais Pierre
Avec la participation d'Alain Cardon
À l'ère du numérique, la connaissance en psychiatrie tend à devenir plus globale et plus précise. Elle consiste à établir des liens entre des disciplines différentes, malgré les frontières qui les séparent. Cet ouvrage nous prouve que l'interdisciplinarité éclaire progressivement la psychiatrie par de nouvelles connaissances plus cohérentes et congruentes avec le réel, incitant à adopter des traitements mieux ciblés et plus adaptés.
(23.50 euros, 230 p.)
ISBN : 978-2-343-12235-9, ISBN EBOOK : 978-2-14-004155-6

GUÉRIR PAR LE RÊVE
L'onirothérapie depuis l'Antiquité jusqu'à nos jours
Crocq Louis
De tous temps, les humains ont demandé au rêve la guérison de leurs maux. Dans l'Antiquité gréco-romaine, cette pratique de l'« onirothérapie » était courante. Plus tard, Freud découvrit la fonction essentielle des rêves, qui était alors de satisfaire dans l'imaginaire un désir resté inassouvi dans la vie réelle. Cet ouvrage revient sur l'histoire de cette pratique, analysant notamment le somnambulisme artificiel, l'hypnose ou encore le rêve éveillé, et ce afin de traiter les troubles psychiques et psychosomatiques.
(23.50 euros, 220 p.)
ISBN : 978-2-343-12337-0, ISBN EBOOK : 978-2-14-004197-6

LA VIE AU CŒUR DE LA PERTE
Bejar Marie
On pourrait croire qu'il s'agit d'une histoire de pertes : perdre la santé, la vie, l'homme qu'on aime... Mais on y découvre surtout une histoire de vie, d'amour, de ressources et de transformation. La première partie du témoignage traite de cette maladie qui mène à la mort. La deuxième partie évoque les deux premières années de deuil. L'auteure puise dans ses notes, ses rêves et ses créations picturales.
(Coll. Au-delà du Témoignage, 14.00 euros, 88 p.)
ISBN : 978-2-343-12281-6, ISBN EBOOK : 978-2-14-004175-4

DE L'OMBRE À LA LUMIÈRE
Mon parcours de personne drépanocytaire
Bokapa Ewe Minel Princilia - Préface du Dr Gilius Primaël Aloumba
La drépanocytose est une maladie du sang, causée par la mutation du gène de l'hémoglobine. C'est une maladie génétique dont les principales manifestations sont les crises vaso-occlusives. Cet ouvrage relate le combat de vie de l'auteure contre la maladie. La drépanocytose est dépeinte sous tous ses aspects, abordant aussi bien les luttes physiques que psychologiques.
(Coll. Harmattan Congo-Brazzaville, 18.00 euros, 170 p.)
ISBN : 978-2-343-12034-8, ISBN EBOOK : 978-2-14-004141-9

SCIENCES ET ACTION PUBLIQUE : UN MARIAGE FÉCOND
L'exemple de l'alcool au volant
Pérez-Diaz Claudine
Faut-il fonder des politiques publiques sur les sciences ? Cet ouvrage répond à cette question sur le phénomène de l'alcool au volant, en rassemblant les apports de travaux scientifiques et d'archives institutionnelles. La genèse de diverses lois montre que le droit intègre tardivement des savoirs qui pourtant le légitiment. L'auteur revient sur l'analyse de la mise en œuvre de ces lois, qui atteste d'une lente imprégnation de l'action publique par des acquis scientifiques.
(Coll. Sciences et Société, 25.00 euros, 248 p.)
ISBN : 978-2-343-12366-0, ISBN EBOOK : 978-2-14-004157-0

MÉMOIRES D'UNE SAGE-FEMME
Hymne à la vie, hymne à l'amour
Arqué-Mathon Françoise
Ces mémoires racontent près de quarante ans d'exercice passionné du métier de sage-femme. À travers ce récit personnel se dessine une évolution : le dogme du « tu accoucheras dans la douleur », battu en brèche par la méthode du docteur Lamaze et, surtout, la reconnaissance de la sensorialité du bébé scientifiquement prouvée. Malgré les résistances de certains, l'auteur a pris part à cette évolution qui correspondait à ses intuitions de débutante, renforcées par son expérience.
(20.00 euros, 236 p.)
ISBN : 978-2-343-12530-5, ISBN EBOOK : 978-2-14-004160-0

MÉDICALISER L'AFRIQUE
Enjeux, processus et stratégies d'introduction de la médecine occidentale au Gabon (XIXe-XXe siècle)
Mabika Ognandzi Hines
Jusqu'à la fin des années 1880, la pratique de la médecine occidentale au Gabon a surtout lieu sur mer. Dès les années 1890, on assiste à un glissement de la médecine de la mer vers la terre ferme. Ainsi, pourquoi et comment passe-t-on d'un navire-hôpital sur mer à la case de santé à terre, de la case de santé aux ambulances-hôpitaux, puis aux centres hospitaliers universitaires ? Cet ouvrage reconstitue ce processus de médicalisation.
(Coll. Racisme et eugénisme, 31.00 euros, 304 p.)
ISBN : 978-2-343-11857-4, ISBN EBOOK : 978-2-14-004109-9

PRÉVENTION DE L'OSTÉOPOROSE
Un problème majeur de santé publique
Blain Alain
Les travaux récents mettent en évidence l'importance d'un capital osseux optimal comme prévention efficace de l'ostéoporose. L'accent est mis sur la nécessité de l'équilibre alimentaire et nutritionnel et la pratique régulière des activités physiques et sportives, modérées et programmées. Cet ouvrage apporte des données complémentaires aux connaissances habituelles, grâce aux recherches et travaux expérimentaux dans le domaine du sport.
(18.50 euros, 160 p.)
ISBN : 978-2-343-09906-4, ISBN EBOOK : 978-2-14-004055-9

EUGÈNE MINKOWSKI – Philosophe de la psychiatrie
Grulier Jean-Claude
L'œuvre d'Eugène Minkowski (1885-1972) est méconnue. Après des études de mathématiques puis de philosophie, il se consacre à la médecine et se spécialise en psychiatrie. Il écrit de nombreux ouvrages qui feront date dans le domaine médical (*Traité de psychopathologie*) ou philosophique (*Le temps vécu*). Mais ces deux disciplines sont-elles dissociables ?
(Coll. Psycho-Logiques, 28.00 euros, 272 p.)
ISBN : 978-2-343-10773-8, ISBN EBOOK : 978-2-14-004072-6

SOS MÉDECINS – Un pionnier raconte
Barrié Jean-Bernard
La naissance de SOS Médecins découla d'un constat étonnant et révoltant : « En France, on traite mieux les tuyaux de plomb que les coronaires ». C'est alors qu'une vingtaine de médecins dans les années 70 ont remplacé, la nuit, les médecins traitants pour assurer leurs urgences. L'auteur nous conte ici ses gardes de nuit à SOS médecins Paris, à travers plusieurs scènes de vie qui rendent compte de l'intensité des missions effectuées.
(28.00 euros, 340 p.)
ISBN : 978-2-343-10325-9, ISBN EBOOK : 978-2-14-003918-8

VAINCRE L'OBÉSITÉ
Marre Philippe - Préface d'Anne-Sophie Joly
L'obésité a toujours existé. Dans nos sociétés d'abondance, l'alimentation de base est à la portée de tous et la prévalence de l'obésité augmente. À la souffrance psychique s'ajoutent alors progressivement les complications de surpoids qui menacent la qualité de vie et diminuent l'espérance de vie. Cet ouvrage revient sur les modèles de prise en charge qui permettent d'évaluer la sévérité de l'obésité et ses complications éventuelles, et de proposer une éducation thérapeutique avec accompagnement nutritionnel et psychologique.
(Coll. Cultures et Médecines, 18.00 euros, 168 p.)
ISBN : 978-2-343-11975-5, ISBN EBOOK : 978-2-14-003773-3

L'HARMATTAN ITALIA
Via Degli Artisti 15; 10124 Torino
harmattan.italia@gmail.com

L'HARMATTAN HONGRIE
Könyvesbolt ; Kossuth L. u. 14-16
1053 Budapest

L'HARMATTAN KINSHASA
185, avenue Nyangwe
Commune de Lingwala
Kinshasa, R.D. Congo
(00243) 998697603 ou (00243) 999229662

L'HARMATTAN CONGO
67, av. E. P. Lumumba
Bât. – Congo Pharmacie (Bib. Nat.)
BP2874 Brazzaville
harmattan.congo@yahoo.fr

L'HARMATTAN GUINÉE
Almamya Rue KA 028, en face
du restaurant Le Cèdre
OKB agency BP 3470 Conakry
(00224) 657 20 85 08 / 664 28 91 96
harmattanguinee@yahoo.fr

L'HARMATTAN MALI
Rue 73, Porte 536, Niamakoro,
Cité Unicef, Bamako
Tél. 00 (223) 20205724 / +(223) 76378082
poudiougopaul@yahoo.fr
pp.harmattan@gmail.com

L'HARMATTAN CAMEROUN
TSINGA/FECAFOOT
BP 11486 Yaoundé
699198028/675441949
harmattancam@yahoo.com

L'HARMATTAN CÔTE D'IVOIRE
Résidence Karl / cité des arts
Abidjan-Cocody 03 BP 1588 Abidjan 03
(00225) 05 77 87 31
etien_nda@yahoo.fr

L'HARMATTAN BURKINA
Penou Achille Some
Ouagadougou
(+226) 70 26 88 27

L'HARMATTAN SÉNÉGAL
10 VDN en face Mermoz, après le pont de Fann
BP 45034 Dakar Fann
33 825 98 58 / 33 860 9858
senharmattan@gmail.com / senlibraire@gmail.com
www.harmattansenegal.com

www.ingramcontent.com/pod-product-compliance
Lightning Source LLC
LaVergne TN
LVHW011014061026
849535LV00006B/1873